ΣBEST
シグマベスト

最高水準
問題集

中1数学

文英堂

本書のねらい

▶みなさんは，"定期テストでよい成績をとりたい"とか，"希望する高校に合格したい"と考えて毎日勉強していることでしょう。そのためには，**どんな問題でも解ける最高レベルの実力**を身につける必要があります。では，どうしたらそのような実力がつくのでしょうか。それには，よい問題に数多くあたって，自分の力で解くことが大切です。

▶この問題集は，最高レベルの実力をつけたいという中学生のみなさんの願いに応えられるように，次の3つのことをねらいにしてつくりました。

1 教科書の内容を確実に理解しているかどうかを確かめられるようにする。

2 おさえておかなければならない内容をきめ細かく分析し，問題を1問1問練りあげる。

3 最高レベルの良問を数多く収録し，より広い見方や深い考え方の訓練ができるようにする。

▶この問題集を大いに活用して，どんな問題にぶつかっても対応できる最高レベルの実力を身につけてください。

本書の特色と使用法

① すべての章を「標準問題」→「最高水準問題」で構成し，段階的に無理なく問題を解いていくことができる。

▶本書は，「標準」と「最高水準」の2段階の問題を解いていくことで，各章の学習内容を確実に理解し，無理なく最高レベルの実力を身につけることができるようにしてあります。
▶本書全体での「標準問題」と「最高水準問題」それぞれの問題数は次のとおりです。

標 準 問 題 ……115題　　最 高 水 準 問 題 ……107題

豊富な問題を解いて，最高レベルの実力を身につけましょう。
▶さらに，学習内容の理解度をはかるために，巻末に「**実力テスト**」を設けてあります。ここで学習の成果と自分の実力を診断しましょう。

② 「標準問題」で，各章の学習内容を確実におさえているかが確認できる。

▶「標準問題」は，各章の学習内容のポイントを1つ1つおさえられるようにしてある問題です。1問1問確実に解いていきましょう。各問題には[タイトル]がつけてあり，どんな内容をおさえるための問題かが一目でわかるようにしてあります。

▶どんな難問を解く力も，基礎学力を着実に積み重ねていくことによって身についてくるものです。まず，「標準問題」を順を追って解いていき，基礎を固めましょう。

▶その章の学習内容に直接かかわる問題に **重要** のマークをつけています。じっくり取り組んで，解答の導き方を確実に理解しましょう。

③ 「最高水準問題」は各章の最高レベルの問題で，最高レベルの実力が身につく。

▶「最高水準問題」は，各章の最高レベルの問題です。総合的で，幅広い見方や，より深い考え方が身につくように，難問・奇問ではなく，各章で勉強する基礎的な事項を応用・発展させた質の高い問題を集めました。

▶特に難しい問題には，**難** マークをつけて，解答でくわしく解説しました。

④ 「標準問題」には〈ガイド〉を，「最高水準問題」には〈解答の方針〉をつけてあり，基礎知識の説明と適切な解き方を確認できる。

▶「標準問題」には，**ガイド** をつけ，学習内容の要点や理解のしかたを示しました。

▶「最高水準問題」の下の段には，**解答の方針** をつけて，問題を解く糸口を示しました。ここで，解法の正しい道筋を確認してください。

⑤ くわしい〈解説〉つきの別冊解答。どんな難しい問題でも解き方が必ずわかる。

▶別冊の「解答と解説」には，各問題のくわしい解説があります。答えだけでなく，**解説** もじっくり読みましょう。

▶ **解説** には ⑦ **得点アップ** を設け，知っているとためになる知識や高校入試で問われるような情報などを満載しました。

もくじ

別冊 解答と解説

1 正の数・負の数

001 [正の数・負の数の使い方]

次の問いに答えなさい。

(1) ①，②は次の数量を +，− を用いて表せ。③は，それぞれの点数を求めよ。

① 海抜 100 m を +100 m と表すとき，海抜 957 m と海面下 4780 m

② 西へ 5 km 進むのを +5 km とするとき，東へ 3.9 m 進むことと，西へ 40.5 km 進むこと

③ クラスで数学のテストを行ったところ，平均は 61 点であった。これを基準として 0 点とし，73 点の人は +12 点，55 点の人は −6 点と表す。

このときの，+15 点，−15 点の人のテストの点数

(2) 次の①〜④は( )内の言葉を使って，次の数量を表せ。⑤〜⑧は同じ意味になるように − を使った表現に変えよ。

① 西へ 4 m 進む(東)   ② 8 人少ない(多い)

③ 5 kg 軽い(重い)   ④ 3 分前(後)

⑤ 100 円の利益   ⑥ 50 円高い

⑦ 1000 円たりない   ⑧ 10 歩後退

> **ガイド** (1)③ 61 点を 0 点とするのだから，+15 点，−15 点は 61 点より 15 点高い点と低い点。
> (2)互いに反対の性質をもつ 2 つの量は，一方を正の数，他方を負の数で表すことができる。利益↔損失，西↔東，少ない↔多い，軽い↔重い，前↔後，上昇↔下降，高い↔低い，前進↔後退など，対になる言葉も覚えておこう。

002 [数直線と絶対値に関する問題①]

次の問いに答えなさい。

(1) 次の数を数直線上に表せ。

① +2   ② −2   ③ −5.2   ④ +3.7

⑤ 0   ⑥ $-\dfrac{6}{5}$ ⑦ $-\dfrac{1}{2}$

(2) 次の数直線上の点①〜⑤の表す数を答えよ。

003 [数直線と絶対値に関する問題②]

数直線上に, 1, 3, −3, −1 を表す点をかき, (1)〜(4)に答えなさい。

(1) 次の数の大小を, 不等号を用いて表せ。

⑦ 0, 1, 3　　　　⑦ 0, −1, −3　　　　⑦ 3, −3, −1

(2) 数直線上で, 1 の絶対値, −3 の絶対値が表すものは何か答えよ。

(3) 3 を表す点と −1 を表す点の間の距離を求めよ。

(4) −3 を表す点と −1 を表す点の間の距離を求めよ。

> **ガイド** 3つの数の大小関係を不等号を用いて表す場合, 小 < 中 < 大または, 大 > 中 > 小のように表す。

004 [整数の個数を数える]

次の問いに答えなさい。

(1) −3.1 より大きく, 4.3 より小さい整数はいくつあるか答えよ。

(2) 絶対値が 5 以下の整数はいくつあるか答えよ。

> **ガイド** (2)絶対値が 5 の数, 4 の数, 3 の数, 2 の数, 1 の数, 0 の数の順に考える。

005 [条件に適する数を答える]

次の数のうちで, 下の各条件に適する数を ☐ の中に書き入れなさい。

0, 2, −7, 6, 1, −4, −0.001, −1

(1) 最も大きい数は ① であり, 最も小さい数は ② である。

(2) 絶対値の最も大きい数は ③ であり, 絶対値の最も小さい数は ④ である。

(3) 最も大きい負の数は ⑤ である。

> **ガイド** (1)最も大きい数は正の数で絶対値が最も大きい数, 最も小さい数は負の数で絶対値が最も大きい数。

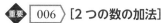 006 [2つの数の加法]

次の計算をしなさい。

(1)　$5+(-9)$　　　　(2)　$-6+10$　　　　(3)　$(-5)+(-5)$

(4)　$-5+(-8)$　　　(5)　$-7+2$　　　　(6)　$-11+7$

(7)　$-7+(-3)$　　　(8)　$7+(-9)$　　　(9)　$(-8)+3$

(10)　$\dfrac{1}{3}+\dfrac{1}{6}$　　　　(11)　$\dfrac{1}{3}+\dfrac{1}{4}$　　　(12)　$-\dfrac{2}{3}+\dfrac{3}{5}$

> **ガイド** 同符号の2数の和は，2数の絶対値の和に共通の符号をつける。
> 　　　　異符号の2数の和は，2数の絶対値の差に絶対値の大きい方の符号をつける。

007 [3つ以上の数の加法]

次の計算をしなさい。

(1)　$(-3)+7+(-2)$　　　　　　(2)　$(-6)+9+(-7)$

(3)　$0.4+(-0.7)+0.5$　　　　　(4)　$3.2+(-3.5)+(-2)$

(5)　$0.04+(-1.2)+2.67+(-1.98)$　　(6)　$1+\dfrac{1}{2}+\dfrac{1}{3}+\dfrac{1}{4}+\dfrac{1}{5}+\dfrac{1}{6}+\dfrac{1}{7}$

> **ガイド** 3つ以上の数の加法は，正の数ばかりの和，負の数ばかりの和を求め，2つを加えると楽である。
> (6)$\left\{1+\left(\dfrac{1}{2}+\dfrac{1}{3}+\dfrac{1}{6}\right)+\dfrac{1}{4}\right\}+\left(\dfrac{1}{5}+\dfrac{1}{7}\right)$　と考えると計算が楽である。

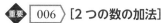 008 [2つの数の減法]

次の計算をしなさい。

(1)　$5-7$　　　(2)　$-4-2$　　　(3)　$-6-7$　　　(4)　$-4-(-5)$

(5)　$5-(-3)$　　(6)　$3-(-5)$　　(7)　$6-(-3)$　　(8)　$-2-(-10)$

(9)　$\dfrac{1}{4}-\dfrac{2}{3}$　　(10)　$\dfrac{1}{3}-\dfrac{1}{2}$　　(11)　$\dfrac{3}{5}-\dfrac{1}{7}$　　(12)　$\dfrac{2}{5}-\dfrac{1}{2}$

(13)　$\dfrac{1}{6}-\dfrac{2}{9}$　　(14)　$\dfrac{1}{3}-\dfrac{3}{5}$　　(15)　$\dfrac{3}{8}-\left(-\dfrac{5}{12}\right)$

> **ガイド** 負の数をひくときは，その数の符号 $-$ を $+$ に変えて加える。このとき正の数を表す記号 $+$ とかっ
> こは省略できる。(4)は $-4-(-5)=-4+(+5)=-4+5$ と考える。

8

009 〉[かっこを省略する]

次の加法や減法で，計算の結果が等しいものを組にしなさい。

⑦ $(-2)+(-3)$ ⑦ $(+2)+(+3)$ ⑦ $(+2)+(-3)$

⑦ $(-2)+(+3)$ ⑦ $(-2)-(-3)$ ⑦ $(+2)-(+3)$

⑦ $(+2)-(-3)$ ⑦ $(-2)-(+3)$ ⑦ $2-3$

⑦ $2+3$ ⑦ $-2+3$ ⑦ $-2-3$

> **ガイド** 正の数を表す ＋ は省略できる。また先頭の数のかっこははぶくことができる。さらに，減法は加法に直すことができるから，正の数・負の数の加法・減法はかっこを用いないで表せる。

010 〉[3つ以上の数の減法]

次の計算をしなさい。

(1) $(-3.4)-(-5.8)-3.7$ (2) $(-0.7)-(-3.1)-(-6.9)$

(3) $(-5.3)-(-6.7)-(-2.4)-(-0.6)$ (4) $(-4.1)-6.2-(-2.8)-3.3$

(5) $\dfrac{5}{6}-\left(-\dfrac{3}{4}\right)-\left(-\dfrac{7}{12}\right)-\left(-\dfrac{5}{2}\right)$ (6) $\left(-\dfrac{7}{3}\right)-\left(-\dfrac{5}{6}\right)-\dfrac{3}{4}-\dfrac{1}{8}$

重要 011 〉[加減の混じった計算①]

次の計算をしなさい。

(1) $-4+5-(-3)$ (2) $-5+(-3)-1$

(3) $4-7+(-8)$ (4) $11-(-3)+(-9)$

(5) $1-7+5$ (6) $-4+9-3$

(7) $4-(2-5)$ (8) $6-\{2+(-5)\}$

(9) $\left(-\dfrac{5}{6}\right)-\dfrac{9}{4}-\left\{\left(-\dfrac{7}{2}\right)-\left(\dfrac{3}{4}-\dfrac{11}{8}\right)-\dfrac{13}{4}\right\}$

> **ガイド** かっこをはずして，かっこのない式にして計算する。また，かっこは（ ）→｛ ｝→〔 〕の順に計算する。

012 ［加減の混じった計算②］

温度の表し方として，日本ではセ氏温度，アメリカでは
カ氏温度が使われることが多い。セ氏温度の単位は℃，
カ氏温度の単位は℉である。

表1

セ氏温度(℃)	…	5	…	20	…
カ氏温度(℉)	…	41	…	68	…

　表1は，セ氏温度に対するカ氏温度の関係を表したも
のである。その関係をグラフに表すと直線になる。

(1)　セ氏温度で10℃上昇することは，カ氏温度では何℉上昇することにあたるか求めよ。

(2)　表2は，ある日の福島市とニューヨーク市の最高
　　気温と最低気温を示したものである。

　　　福島市とニューヨーク市のうち，この日の最高気
　　温と最低気温の温度差が大きかったのはどちらか答
　　えよ。温度差が大きかった方の都市名を書き，その
　　理由を説明せよ。

表2

	最高気温	最低気温
福　島　市	7.5℃	−1.5℃
ニューヨーク市	50.0℉	36.0℉

重要 013 ［2つの数の乗法］

次の計算をしなさい。

(1)　$6 \times (-7)$

(2)　$(-3) \times 6$

(3)　$(-7) \times (-4)$

(4)　$(-6) \times \dfrac{2}{3}$

(5)　$\dfrac{3}{2} \times \left(-\dfrac{7}{9}\right)$

(6)　$(-0.5) \times 6$

(7)　1.3×0.5

(8)　$(-15) \times \dfrac{3}{5}$

(9)　$\dfrac{2}{3} \times \left(-\dfrac{9}{8}\right)$

ガイド　同符号の2数の積は，2数の絶対値の積に正の符号をつける(この正の符号は通常は略す)。
　　　　異符号の2数の積は，2数の絶対値の積に負の符号をつける。

014 ［3つ以上の数の乗法］

次の計算をしなさい。

(1)　$(-2) \times 3 \times (-4)$

(2)　$(-3.2) \times (-3) \times (-4)$

(3)　$(-3) \times (-4) \times (-5) \times (-11)$

(4)　$8 \times (-0.3) \times (-0.75) \times (-5)$

(5)　$\left(-\dfrac{5}{3}\right) \times \left(-\dfrac{3}{2}\right) \times \dfrac{4}{3} \times \left(-\dfrac{12}{5}\right)$

(6)　$\left(-3 \times \dfrac{4}{7}\right) \times \dfrac{8}{15} \times \left(-\dfrac{14}{9}\right) \times \dfrac{5}{12}$

ガイド　0をふくまない2つ以上の数の積は，各数の絶対値の積に，負の数が偶数個あれば正，負の数が奇
　　　　数個あれば負の符号をつける(この場合も通常正の符号は略す)。

重要 **015** ▷ **[2つの数の除法]**

次の計算をしなさい。

(1) $-15 \div 3$

(2) $(-26) \div (-2)$

(3) $(-8) \div 2$

(4) $\dfrac{1}{9} \div \left(-\dfrac{4}{3}\right)$

(5) $-\dfrac{2}{3} \div \dfrac{8}{9}$

(6) $15 \div \left(-\dfrac{5}{6}\right)$

(7) $9 \div \left(-\dfrac{2}{3}\right)$

(8) $-\dfrac{2}{3} \div \dfrac{1}{4}$

(9) $0.6 \div (-3)$

> **ガイド** まず絶対値どうしの計算をする。同符号の2数の商は正，異符号の2数の商は負。

016 ▷ **[3つ以上の数の除法]**

次の計算をしなさい。

(1) $9 \div 6 \div \left(-\dfrac{1}{3}\right)$

(2) $(-0.36) \div 2 \div 3$

(3) $(-13.5) \div 0.5 \div (-0.3)$

(4) $(-1.28) \div (-0.4) \div 0.8$

(5) $\left(-\dfrac{5}{6}\right) \div (-3) \div \left(-\dfrac{5}{9}\right)$

(6) $\left(-\dfrac{8}{15}\right) \div \left(-\dfrac{7}{12}\right) \div \left(-\dfrac{16}{5}\right)$

(7) $\left(-\dfrac{5}{2}\right) \div \dfrac{10}{3} \div \left(-\dfrac{6}{5}\right)$

(8) $\dfrac{5}{3} \div \left(-\dfrac{5}{4}\right) \div \dfrac{10}{3}$

> **ガイド** 3つ以上の数の商を求めるときも，まず絶対値の計算を行う。符号は，負の数が偶数個であれば正，
> 奇数個であれば負である。

017 ▷ **[累乗]**

次の式を簡単にしなさい。

(1) $(-3)^2$

(2) $-(+3)^2$

(3) -3^2

(4) $(-3)^3$

(5) -3^3

(6) $\dfrac{1}{(-2)^3}$

(7) $-\dfrac{(-1)}{2^3}$

(8) $-\left(-\dfrac{1}{2}\right)^3$

(9) $-\dfrac{1}{2^3}$

> **ガイド** 負の数の累乗は，指数が偶数のときは正の数，奇数のときは負の数となる。
> (1) $(-3)^2$ と (3) -3^2 は違うことに注意。

018 ［乗除の混じった計算］

次の計算をしなさい。

(1) $(-2)^2 \times 5$

(2) $(-6)^2 \times \dfrac{1}{24}$

(3) $54 \div (-3^2)$

(4) $-\dfrac{3}{10} \div \dfrac{4}{5} \times \left(-\dfrac{2}{3}\right)^2$

(5) $\dfrac{4}{5} \div (-2)^2 \times 7$

(6) $\dfrac{1}{2} \div \left\{2 \times \left(-\dfrac{1}{2}\right)^2\right\}$

> **ガイド** 0を含まない乗除の混じった計算を行ったときの結果の符号は，負の数が偶数個であれば正，奇数
> 個であれば負である。なお，0に何をかけても，0を何でわっても，何に0をかけても0であるが，
> 0でわることはできない。

019 ［四則の混じった計算］

次の計算をしなさい。

(1) $7 + 5 \times (-2)$

(2) $4 + 10 \div (-2)$

(3) $3 \times (-2) - 9$

(4) $-6^2 \div 2 - 2 \times (-3)^2$

(5) $-3^2 \times \left(-\dfrac{7}{10}\right) + 4.8 \div \left(-\dfrac{4}{3}\right)^2$

(6) $\dfrac{3}{2} + \dfrac{1}{6} \div \left(-\dfrac{2}{3}\right)$

(7) $\dfrac{1}{4} - 3 \times \left(\dfrac{7}{8} - \dfrac{1}{2}\right)$

(8) $-3^2 \times \dfrac{7}{16} + (-5)^2 \div \dfrac{16}{7}$

(9) $32 \div (-2^4) + (-3)^3 \times \dfrac{5}{36} \div \left(-\dfrac{1}{8}\right)$

> **ガイド** 四則の混じった計算では，乗除を加減より先に計算する。また，かっこがあれば，かっこの中を1
> 番先に計算する。（　）→｛　｝→〔　〕の順に計算する。

020 ［どの計算法則を用いたか］

次の4つの計算で，①～⑥の部分では，ある計算法則を使って計算を行っている。どのような
法則を使っているかを述べなさい。

$\underline{63 + 23 + 37} = \underline{23 + 63 + 37} = 23 + (63 + 37) = 23 + 100 = 123$
①　　　②

$\underline{0.75 \times 33 \times 8} = \underline{0.75 \times 8 \times 33} = (0.75 \times 8) \times 33 = 6 \times 33 = 198$
③　　　④

$356 \times 1002 = \underline{356 \times (1000 + 2)} = 356 \times 1000 + 356 \times 2 = 356000 + 712 = 356712$
⑤

$79 \times 123 + 79 \times 77 = \underline{79 \times (123 + 77)} = 79 \times 200 = 15800$
⑥

021 〉[数の集合と四則計算]

自然数，整数，すべての数の集合の中で，加法，減法，乗法，除法の計算を考え，いつでもできるときは○を，いつでもできるとは限らないときは × を，右の表に書き入れなさい。ただし，0 でわることは考えないものとする。

	加法	減法	乗法	除法
自然数				
整数				
すべての数				

ガイド 計算結果がその集合の中で行えない例を見つけることができなければ○，できれば×である。

022 〉[最大公約数と最小公倍数]

次の問いに答えなさい。

(1) 最大公約数が 20，最小公倍数が 240 である，互いに異なる 2 つの自然数 x，y の組をすべて求めよ。ただし，$x < y$ とし，答えが $x = ●$，$y = ■$ の組み合わせのときは，$(x,\ y) = (●,\ ■)$ と書け。

(2) 最大公約数が 10，最小公倍数が 60 である，互いに異なる 3 つの自然数 x，y，z の組をすべて求めよ。ただし，$x < y < z$ とし，答えが $x = ●$，$y = ■$，$z = ▲$ の組み合わせのときは，$(x,\ y,\ z) = (●,\ ■,\ ▲)$ と書け。

ガイド (1) $x = 20x'$，$y = 20y'$（ただし，x'，y' は 1 以外に公約数をもたず，$x' < y'$）と表される。

重要 023 〉[素因数分解]

1 から 777 までの自然数をすべて 1 つずつかけ合わせた数を A とする。この A は，一の位から 0 が連続して何個並ぶか求めなさい。

ガイド $2 \times 5 = 10$ で A を何回わり切ることができるかを考える。
つまり，A の中に素因数 2 と 5 がいくつあるかを調べればよいが，5 の素因数の個数の方が少ないので，それを数えればよい。

最 高 水 準 問 題

解答 別冊 p.6

024 次の計算をしなさい。

(1)　$-4+8\div(-2)$　　　　　　　　　　　　　　　　　（茨城・土浦日大高）

(2)　$4-0.25^2\times8\div(-0.5)^2$　　　　　　　　　　　（東京・明治学院高）

(3)　$6^3\div(-3)^2-(-3)^3$　　　　　　　　　　　　　（長崎・青雲高）

(4)　$-7\times5-3\times(-3)^2$　　　　　　　　　　　　（千葉・東海大付浦安高）

(5)　$(2^3-3^2)\times(-1)^5$　　　　　　　　　　　　　（千葉・和洋国府台女子高）

(6)　$(-2)^3+\{9-(-7)^2\}\div(-4)$　　　　　　　　　（東京・大泉高）

(7)　$(-2)^3-3\times(-2)+4\div\left(-\dfrac{2}{3}\right)$　　　　　　　　（広島大附高）

(8)　$(-2)^2\times(-2^2)\times\left(\dfrac{3}{2}\right)^2+(-2\times3)^2$　　　　（東京・國學院久我山高）

(9)　$\left\{-2^2-(-3)^3\times\left(-\dfrac{1}{3}\right)^2\right\}-4\div\left(-\dfrac{2}{3}\right)$　　　（長崎・青雲高）

025 次の計算をしなさい。

(1)　$(-2)^2+\left(-\dfrac{3}{2}\right)\div\dfrac{9}{8}$　　　　　　　　　　　（山梨・駿台甲府高）

(2)　$-\dfrac{1}{3}\div\dfrac{2}{9}\times\left(-\dfrac{4}{15}\right)$　　　　　　　　　　　（大阪・清風高）

(3)　$\dfrac{7}{6}\div\dfrac{2}{3}-\left(\dfrac{9}{5}+\dfrac{3}{4}\right)-2$　　　　　　　　　（東京・産業技術高専）

(4)　$\dfrac{65}{18}\div\left(\dfrac{7}{9}-\dfrac{3}{2}\right)-\dfrac{63}{4}\times\left(-\dfrac{12}{7}\right)$　　　（東京工業大附科学技術高）

(5)　$\left(-\dfrac{3}{2}\right)^3\div3^2+\left(1-\dfrac{5}{2^3}\right)\times(-2)^2$　　　（東京・法政大高）

(6)　$\left\{0.125-\dfrac{3}{16}+\left(-\dfrac{1}{2}\right)^5\right\}\div\left(\dfrac{9}{8}-1.75\right)$　　　（北海道・函館ラ・サール高）

(7)　$\left\{\left(\dfrac{2}{3}\right)^2\times\left(-\dfrac{3}{8}\right)+0.2\times3.5\right\}\div(-0.8)^3$　　　（京都・立命館高）

(8)　$\dfrac{1}{2}\left\{2\div\left(\dfrac{1}{2}\right)^3+\dfrac{1}{2}\times(-2)^3\right\}$　　　　　（福岡大附大濠高）

解答の方針

024 (2)，025 (6)(7) 小数は分数に直してから計算すると楽なことが多い。

026 次の問いに答えなさい。

(1) 右の表は，赤城山の高さを基準の0mとし，赤城山，榛名山，妙義山の高さをそれぞれ表したものである。榛名山の高さを基準の0mとしたとき，赤城山，妙義山の高さはどう表せるか書け。

(群馬県)

	赤城山	榛名山	妙義山
赤城山の高さを基準の0mとしたときの高さ(m)	0	−379	−724

(2) 右の表は，A，B2人の得点からクラスの平均点をひいた差を示したものである。Bの得点が62点であるとすると，Aの得点は何点になるか求めよ。 (山梨県)

	A	B
平均点をひいた差	−8	+3

027 次の⑦〜⑦から正しいことがらを1つ選び，記号で答えなさい。 (熊本県改)

⑦ 3の絶対値は，−7の絶対値より大きい。

⑦ どんな数xに対しても，$|x|>0$が成り立つ。

⑦ 20以下の素数の個数は，9個である。

⑦ −1.5より大きく，3.2より小さい整数の個数は，5個である。

⑦ $|a|>2$となる整数の値は，−1，0，1である。

028 右の表は，A，B，C，Dの4人が，10問のクイズに答えたときの正解数，不正解数を示したものである。クイズ1問につき，正解のときは1点，不正解のときは−1点を得点とするとき，この4人の得点の平均を求めなさい。 (鹿児島県)

	A	B	C	D
正解数	3	9	4	8
不正解数	7	1	6	2

029 次の問いに答えなさい。

(1) −3，−1，0，2，4の5つの数から異なる2つの数を選んで積を求める。

　① 積が最も大きくなる2つの数を書け。

　② 積が最も小さくなる2つの数を書け。 (秋田県)

(2) 1から10を2つのグループA，Bに分ける。

　　　A：1，2，3，4，5

　　　B：6，7，8，9，10

　　AとBから数を1つずつ取り出し2数の積をつくる。

　　この5回の2数の積の和をSとするとき，Sの最大値，最小値を求めよ。

　　ただし，どの数も1度しか使わない。

(東京・巣鴨高)

030 次の問いに答えなさい。

(1) 右の表のア〜オに数をあてはめて，縦，横，ななめ，それぞれの3つの数の和が等しくなるようにしたい。ア〜オにあてはまる数を求めよ。 （鹿児島県）

(2) 土曜日の最低気温は -2℃ だったが，日曜日の最低気温は土曜日の最低気温より5℃高くなった。日曜日の最低気温を求めよ。 （秋田県）

ア	イ	1
ウ	エ	オ
3	-4	7

031 a，b ともに正の整数のとき，$12 \times a = b^2$ を満たす最も小さい b の値を求めなさい。

（千葉・東海大付属浦安高）

難 032 〔x〕は，正の整数 x の正の約数の個数を表すものとする。例えば，12 の正の約数は 1，2，3，4，6，12 であるので，〔12〕$= 6$ となる。このとき，次の問いに答えなさい。 （千葉・市川高）

(1) 〔72〕$-$〔〔72〕〕$-$〔18〕の値を求めよ。

(2) 〔n〕$= 15$ となる正の整数 n のうち，最小のものを求めよ。

033 次の問いに答えなさい。

(1) 117 に偶数をかけて，自然数の2乗になるようにしたい。このような偶数のうち最も小さいものを求めよ。 （神奈川・多摩高）

(2) $\dfrac{455}{n+2}$ が自然数となるような素数 n をすべて求めよ。 （山口県）

(3) m，n はともに自然数で 1 以外に公約数をもたない数とする。

$\dfrac{n}{m}$ に $\dfrac{168}{55}$ をかけた数と，$\dfrac{n}{m}$ に $\dfrac{315}{22}$ をかけた数がともに自然数であるとき，もっとも小さい $\dfrac{n}{m}$ の値を求めよ。 （東京・西高）

(4) 54 の正の約数の個数を求めなさい。また，正の約数の総和を求めよ。 （神奈川・法政大二高改）

解答の方針

031 $12 \times a$ が b の2乗で表せるような a は何かを考える。また，最も小さい b の値を答えることに注意する。

032 $a^p b^q$ の約数の個数は，$(p+1)(q+1)$ である。

034 自然数 n の正の約数の中で，n 以外の約数の和が n に等しいとき，n を完全数という。例えば，$6=1+2+3$，$28=1+2+4+7+14$ であるから，6 と 28 は完全数である。p を 2 と異なる素数とするとき，次の問いに答えなさい。 (東京・中央大学附属高)

(1) 64 の正の約数の個数を求めよ。

(2) $64p$ の正の約数の個数を求めよ。

(3) $64p$ が完全数となるとき，その完全数を求めよ。

035 最大公約数が 31 である 2 つの自然数 m，n があり，$m<n$ とする。このとき，次の問いに答えなさい。 (愛媛・愛光高)

(1) $mn=31713$ のとき，m，n の最小公倍数を求めよ。

(2) $n=1116$ のとき，m のとりうる値の個数を求めよ。

036 太郎さんは，同じ大きさのチョコレートを 13 枚もらい，このチョコレートを毎日少しずつ次の方法で食べることにした。最初の日は 1 枚全部を食べ，次の 2 日間は 1 枚を 1 日に半分ずつ食べる。その次の 3 日間は 1 枚を 1 日に $\frac{1}{3}$ ずつ食べ，以降もこの方法で，その次の 4 日間は 1 枚を $\frac{1}{4}$ ずつ，その次の 5 日間は 1 枚を $\frac{1}{5}$ ずつ，……と食べることにした。次の表は，この様子をまとめたものである。このとき，次の問いに答えなさい。 (埼玉県)

	1日目	2日目	3日目	4日目	5日目	6日目	7日目	……
太郎さんが食べるチョコレート(枚)	1	$\frac{1}{2}$	$\frac{1}{2}$	$\frac{1}{3}$	$\frac{1}{3}$	$\frac{1}{3}$	$\frac{1}{4}$	……

(1) 太郎さんが 45 日目までこの方法で食べたとすると，残っているチョコレートは何枚か求めよ。

(2) 4 日目から妹の花子さんも，太郎さんがその日に食べるのと同じ量のチョコレートを毎日そのつど太郎さんからもらって食べることになり，4 日目以降は太郎さんが 1 人で食べる方法と比べて 2 倍の速さでチョコレートが減ることになった。13 枚のチョコレートがすべてなくなるのは，太郎さんが食べ始めてから何日目か求めよ。

解答の方針

035 最大公約数が 31 ということは，m も n も 31 の倍数であるとわかる。

037 A，B，C，D，E，F の 6 人に数学の試験を行った。下の表はそれぞれの得点が，平均点より何点高いかを表したものである。このとき，次の問いに答えなさい。　　　　　（千葉・和洋国府台女子高）

A	B	C	D	E	F
−12		+13		−2	+4

⑴　F の得点は A より何点高いか答えよ。

⑵　平均点が 72 点で，D の得点が B より 15 点低いとき，D の得点を求めよ。

038 右の図 1 は，次の規則によって，数を三角形状に 5 行目まで並べたものである。

　規則

①　1 行目の数は 1 だけとする。

②　2 行目には 2 個，3 行目には 3 個，……のように，n 行目には n 個の数を並べる。

③　2 行目以降の各行の両端の数は 1 とする。

④　3 行目以降の両端以外の数は，その左上の数と右上の数の和が，4 より小さいときにはその和とし，4 以上のときにはその和から 4 をひいた数とする。

図 1

```
1行目                1
2行目               1 1
3行目              1 2 1
4行目            1 [A]3 3 1
5行目          1 0 [B]2 0 1
```

図 2

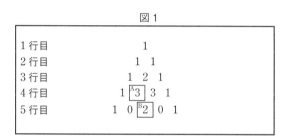

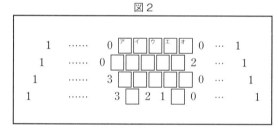

　例えば，図 1 の [A] には，その左上の 1 と右上の 2 の和が 3 となり，4 より小さいので 3 が入っている。[B] には，その左上の 3 と右上の 3 の和が 6 となり，4 以上なので，6 から 4 をひいた数の 2 が入っている。

　この規則にしたがって，数を三角形状に並べていくとき，次の問いに答えなさい。　　　　（岩手県）

⑴　数を 8 行目まで並べたとき，8 行目の左から 3 番目の数を求めよ。

⑵　図 2 は，数をある行まで並べたときの下から 4 行分の一部を示したもので，□ には数が 1 つずつ入る。

　　[ア][イ][ウ][エ][オ] にあてはまる数をそれぞれ求めよ。

解答の方針

037 （合計）＝（平均）×（個数）

2 文字と式

039 [数量を式に表す]

次の問いに答えなさい。

(1) 重さ 500 g の a %は何 g か。a を使った式で表せ。

(2) 十の位が a，一の位が b である 2 桁の自然数を a，b を用いて表せ。

(3) 1000 円の a %は何円か。a を使った式で表せ。

(4) 1 本 80 円のペンを a 本，1 個 50 円の消しゴムを b 個，1 個 30 円のクリップを c 個買ったとき，支払う代金は何円か。a，b，c を使った式で表せ。

(5) 1 個 a kg の荷物 5 個と 1 個 b kg の荷物 6 個がある。

　　これらの荷物の 1 個あたりの平均の重さを，a と b の式で表せ。

(6) 縦が 3 cm，横が a cm の長方形の周の長さを，a を用いた式で表せ。

(7) P 店と Q 店は，同じりんごジュースを通常 1 本 a 円（消費税込）の定価で販売しているが，今日はそれぞれの店に，次のような張り紙があった。

P 店

今日のサービス品
りんごジュースを 5 本買うごとに，さらに 1 本，無料で差し上げます。

Q 店

本日，特売日！！
すべての商品について，定価の 20％引きにします。

　　もち帰るりんごジュースの本数が 6 本となるように，今日，P 店と Q 店のどちらかでりんごジュースを買うとき，代金はどちらの店が何円安いか，a を使って表せ。

(8) ある中学校で生徒会長の選挙が行われることになり，生徒 A，生徒 B，生徒 C の 3 人が立候補した。選挙の結果，生徒 A の得票数は a 票で，全投票数のちょうど 30％であった。また，生徒 B の得票数は生徒 A の得票数より b 票多かった。このとき，生徒 C の得票数を a と b を使った式で表せ。ただし，投票した生徒はそれぞれ，生徒 A，生徒 B，生徒 C のうちのいずれか 1 人に必ず投票したものとする。

ガイド (5) 平均は，荷物の重さの合計を荷物の個数でわれば求められる。

(7) P 店，Q 店それぞれ 6 本もち帰るときの代金を求める。
　　P 店では 5 本買えば，もち帰る本数が 6 本になる。

(8) 生徒 C の得票数は，（全投票数）−（生徒 A と B の得票数）
　　全投票数は，生徒 A の得票数 a が全投票数の 30％であることから，a を使った式で表せる。

◆重要 040 〉[関係を表す式をつくる]

次の問いに答えなさい。

(1) 図のように，等間隔の目盛りがついた紙の上に，2本のテープが平行に置かれている。アのテープの長さを a cm とするとき，イのテープの長さを，a を使った式で表せ。

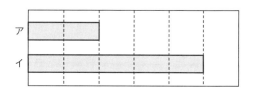

(2) 1個80円のりんご x 個を150円のかごにつめてもらったときの代金を y 円とする。このとき，x，y の関係を式に表せ。

(3) a 冊のノートを，1人 b 冊ずつ7人に配ると4冊余る。a を b の式で表せ。

(4) a ％の食塩水 A と b ％の食塩水 B があり，A と B を $3:2$ の割合で混ぜた食塩水の濃度が5.6％になった。b を a を用いて表せ。

(5) 円柱の形をした水槽に，深さ5cmのところまで水が入っている。この水槽に，1分間に深さ3cmずつ増加するように水を入れる。水を入れ始めてから x 分後の水の深さを y cm とする。このとき，y を x の式で表せ。

(6) 長さ a m の針金から，b m の針金を10本切り取ったとき，残りの針金の長さは何 m か。文字を使った式で表せ。

(7) ある会社の5月の水道水の使用量は，A支店が a m^3，B支店が b m^3 であった。8月の水道水の使用量は，5月と比較して，A支店は3％減少し，B支店は7％増加した。8月のA支店の水道水の使用量とB支店の水道水の使用量の合計は何 m^3 か。a，b を用いて表せ。

(8) 濃度が x ％の食塩水300 g と，濃度が a ％の食塩水400 g を混ぜ合わせたところ，濃度が b ％の食塩水となった。x を a と b を用いた式で表せ。

(9) 家からの道のりが a km の公園に向かって時速5kmで歩いている。家を出発してから b 時間後の残りの道のりを a，b を使った式で表せ。ただし，公園には到着していないものとする。

(10) 男子18人，女子15人のクラスにおいて，男子の平均点が a 点で，女子の平均点が b 点であった。このクラスの平均点を式で表せ。

(11) 折り紙を a 人の生徒に配るのに，1人に3枚ずつ配ろうとすると，b 枚たりなくなる。このとき，折り紙の枚数を，a，b を使った式で表せ。

ガイド (4)(8) 食塩水の濃度 ＝ $\dfrac{\text{食塩の重さ}}{\text{食塩水の重さ}} \times 100$（％）

(9) 道のり ＝ 速さ × 時間

(10) 平均点 ＝ $\dfrac{\text{合計点}}{\text{人数}}$

041 [規則性を読みとって関係を表す式をつくる①]

次の問いに答えなさい。

(1) バレーボールの大会で，参加チームがそれぞれ1回ずつ対戦するときの総試合数を考える。例えば，右の図は，A〜Dの4チームが参加するときの対戦結果をまとめる表であり，総試合数は6試合である。

① 参加チームが6チームのとき，総試合数を求めよ。

② 参加チームがnチームのとき，総試合数を，nを用いた2次式で表せ。

	A	B	C	D
A				
B				
C				
D				

(2) 右の表は，自然数を1から順に横に5つずつ書き並べていったものである。この表で，上からm番目で左からn番目の数を，m，nを用いて表せ。

1	2	3	4	5
6	7	8	9	10
11	12	13	14	15
⋮	⋮	⋮	⋮	⋮

042 [規則性を読みとって関係を表す式をつくる②]

下の図のように，1辺が1cmの立方体の積み木を規則正しく積み重ねて，互いに接着させ，1番目，2番目，3番目，4番目，…と，底面が正方形の立体をつくっていく。

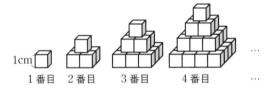

1cm　1番目　2番目　3番目　4番目　…

次の問いに答えなさい。

(1) 5番目の立体の体積を求めよ。

(2) n番目の立体の表面積をnを使って表せ。

043 [規則性を読みとって関係を表す式をつくる③]

右の図のように，同じ大きさの正三角形の板を，重ならないようにすき間なくしきつめて大きな正三角形をつくる。また，しきつめた1つ1つの正三角形の板には，上から順に1段目には1，2段目には2，3，4，3段目には，5，6，7，8，9と自然数を書き，4段目から下の正三角形の板にも，10，11，12，…と自然数を順に書いていくものとする。

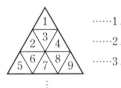

……1段目
……2段目
……3段目

このとき，次の問いに答えなさい。

(1) 6段目の正三角形の板に書かれている自然数のうち，最も大きな数を求めよ。また，n段目の正三角形の板に書かれている自然数のうち，最も大きな数をnを用いて表せ。

(2) 正三角形の板1024枚をしきつめて，大きな正三角形をつくった。このとき，最も下の段に並んだ正三角形の板の枚数を求めよ。

重要 044 [式の値を求める①]

次の各場合の式の値を求めなさい。

(1) $a = -3$ のとき，$a^2 - \dfrac{1}{3}a$ の値

(2) $a = -4$，$b = 3$ のとき，$a^2 - 2b$ の値

(3) $a = -2$，$b = 3$ のとき，$3a^2 - b$ の値

045 [式の値を求める②]

次の各場合の式の値を求めなさい。

(1) $a = \dfrac{1}{3}$ のとき，$4(a+2) - a$ の値

(2) $a = -3$ のとき，$3a - (2a-5)$ の値

(3) $a = \dfrac{1}{2}$，$b = -5$ のとき，$3(a+b) - (a+4b)$ の値

(4) $x = 3$，$y = -\dfrac{1}{2}$ のとき，$3(x-y) - 2(2x-y) - (-3x+y)$ の値

ガイド 式を整理してから代入する。

046 [数の性質を文字を用いて表す]

n を整数とするとき，いつでも 6 の倍数になる式を，下の⑦〜①の中から1つ選び，その記号を書きなさい。

⑦ $3n$　　　　① $n-6$　　　　⑦ $6n+3$　　　　① $6n-6$

重要 047 [文字式を用いて数の性質を説明する]

次の問いに答えなさい。

(1) 正の奇数 N を N 個加えた和を M とするとき，$M-1$ は 4 の倍数であることを，文字式を使って説明せよ。

(2) 3，4，5や5，6，7のような，奇数から始まる連続する3つの整数の和は 6 の倍数になる。このことを文字を使った式を用いて説明せよ。

ガイド (2)いつでも 6 の倍数になる式は，6×(整数) の形をした式。

048 > [式を簡単にする]

次の式を簡単にしなさい。

(1) $5a - 2a$

(2) $5a - a$

(3) $-a + 2b + 3a - 5b$

(4) $\dfrac{1}{2}a \times 4b$

(5) $\dfrac{2}{3}a \times \dfrac{1}{4}a$

(6) $\dfrac{8}{7}x \div (-2)$

重要 049 > [1次式の加減]

次の計算をしなさい。

(1) $(-3x + 5) + (2x - 3)$

(2) $(a - 7) + (-4a + 2)$

(3) $(4a - 3) - (7a - 2)$

(4) $(8y - 2) - (-2y - 5)$

重要 050 > [分配法則を使った1次式の計算]

次の計算をしなさい。

(1) $(8a - 2b) \times \dfrac{1}{2}$

(2) $(25x - 20) \div 5$

(3) $2(2a - 1) + 3a$

(4) $3(3x + y) - (x - 2y)$

(5) $8(7a + 5) - 4(9 - a)$

(6) $2(-a + 5b - 3) - (3a + 7b - 6)$

051 > [等式・不等式を用いた表現]

次の問いに答えなさい。

(1) 学さんは自宅から1200 m 離れた駅に向かった。はじめは毎分80 m の速さで歩き，途中から毎分160 m の速さで走ったところ，12分かかって駅に着いた。このとき，学さんが歩いた時間を x 分とすると，$80x + 160(12 - x) = 1200$ という方程式ができる。この方程式において，$160(12 - x)$ はどのような数量を表しているか答えよ。

(2) 一定の速さ x m/分で動く「動く歩道」A，B があり，A の上を歩道のはじめからおわりまで60 m/分で歩くと12秒かかり，B の上を40 m/分で歩くと15秒かかる。A より B の歩道の長さの方が長いとき，この関係を不等式で表せ。

ガイド (2) x が a 以上……$x \geqq a$，x が a 以下……$x \leqq a$
x が a より小さい……$x < a$，x が a 未満……$x < a$
x が a より大きい……$x > a$　と書く。

最 高 水 準 問 題 ————————————————— 解答 別冊 p.11

052 次の計算をしなさい。

(1) $\dfrac{3x-y}{2} - \dfrac{4x-2y}{3}$　　　　（群馬県）

(2) $\dfrac{4}{3}a - \dfrac{3a+b}{6} - \dfrac{3a-b}{4}$　　　　（東京・富士高）

(3) $\dfrac{1}{4}(5x-3) - \dfrac{1}{8}(7x-6)$　　　　（神奈川県）

(4) $2x+1 - \dfrac{3x+1}{2}$　　　　（石川県）

(5) $(-8) \times \dfrac{x-7}{2}$　　　　（岐阜県）

(6) $\dfrac{5x+3}{4} - \dfrac{2x-1}{3}$　　　　（愛知県）

(7) $6\left(\dfrac{2a-1}{2} - \dfrac{a-2}{3}\right)$　　　　（京都府）

(8) $\dfrac{2x+y}{3} - \dfrac{x-2y}{6}$　　　　（香川県）

(9) $5\left(\dfrac{x}{3} + \dfrac{y}{2}\right) - (4x-3y) \times \dfrac{1}{6}$　　　　（東京工業大附科学技術高）

(10) $\dfrac{1}{6}x - y - \dfrac{2x-y}{3}$　　　　（東京・豊島岡女子学園高）

(11) $\dfrac{a-4b}{3} + \dfrac{3a+b}{2}$　　　　（千葉・和洋国府台女子高）

(12) $\dfrac{2x+3y}{4} - \dfrac{5x-2y}{6} - \dfrac{4y-x}{3}$　　　　（長崎・青雲高）

(13) $\dfrac{1}{12}(7x-2) + \dfrac{1}{4}(-2+7x)$　　　　（東京・明治学院高）

053 次の式の値を求めなさい。

(1) $x = \dfrac{1}{3}$, $y = -1$ のとき, $12x^2y^2 \div (-4x)$　　　　（北海道）

(2) $x = -2$, $y = 5$ のとき, $4x^2y^3 \div 8xy^2 \times 6x$　　　　（青森県）

(3) $x = -2$, $y = \dfrac{1}{3}$ のとき, $(3x^3y)^2 \div 4xy$　　　　（東京・明治学院高）

054 次の式の値を求めなさい。

(1) $x = \dfrac{1}{2}$, $y = -\dfrac{1}{3}$ のとき, $\dfrac{x+y}{2} - \dfrac{3x-5y}{3} - 3y$　　　　（東京・早稲田実業高）

(2) $x = 2$, $y = 3$ のとき, $\left(\dfrac{2}{3}x^2y\right)^2 \times (xy^2)^3 \div (2xy)^4$　　　　（東京・日本大二高）

(3) $a = \dfrac{3}{2}$, $b = -2$ のとき, $\dfrac{1}{18}a^2b^3 \div \left(-\dfrac{1}{2}ab^2\right)^2 \times \left(-\dfrac{3}{2}ab\right)^3$　　　　（東京・成城高）

055 次の問いに答えなさい。

(1) A 地点から B 地点まで行くのに, 時速 3 km で a 時間歩き, 途中から時速 4 km で歩くと, 合わせて 90 分かかった。A 地点から B 地点までの道のりを a で表せ。　　　　（福岡大附大濠高）

(2) 水の入っていない風呂がある。この風呂に, 毎分 x L ずつ水を入れるとき, y 分未満で 200 L たまるという。この関係を不等式で表せ。　　　　（岩手県改）

(3) 順子さんが家から図書館に向かった。自転車で時速 15 km で走ったら, 時速 3 km で歩いたときよりも 20 分以上早く着いた。家から図書館までの道のりを x km とするとき, この関係を不等式で表せ。　　　　（千葉・日本大習志野高改）

056 Sさんのクラスでは，先生が示した問題をみんなで考えた。このとき，次の問いに答えなさい。

（東京都改）

―[先生が示した問題]――――――――――――――――――――――

a を正の数，n を2以上の自然数とする。右の**図1**で，四角形 ABCD は，1辺 a cm の正方形であり，点 P は，四角形 ABCD の2つの対角線の交点である。

1辺 a cm の正方形を，次の[きまり]にしたがって，順にいくつか重ねてできる図形の周りの長さについて考える。

‥‥[きまり]‥‥‥‥‥‥‥‥‥‥‥‥‥‥‥‥‥‥‥‥‥‥‥‥

次の①〜④を満たすように正方形を重ねる。

①　重ねる正方形の頂点の1つを，重ねられる正方形の対角線の交点に一致させる。

②　重ねる正方形の対角線の交点を，重ねられる正方形の頂点の1つに一致させる。

③　対角線の交点は，互いに一致せず，すべて1つの直線上に並ぶようにする。

④　正方形を順に重ねてできる図形の周りの長さは，下の図に示す太線（―）の部分とし，点線（‥‥）の部分は含まないものとする。

‥‥‥‥‥‥‥‥‥‥‥‥‥‥‥‥‥‥‥‥‥‥‥‥‥‥‥‥‥‥

例えば右の**図2**は，2個の正方形を重ねてできた図形であり，周りの長さは $6a$ cm となる。右の**図3**は，3個の正方形を重ねてできた図形であり，周りの長さは $8a$ cm となる。右の**図4**は，正方形を n 個目まで順に重ねてできた図形を表している。

1辺 a cm の正方形を n 個目まで順に重ねてできた図形の周りの長さを L cm とするとき，L を a，n を用いて表しなさい。

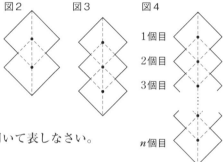

―――――――――――――――――――――――――――――――

Sさんは，[先生が示した問題]の答えを次の形で表した。Sさんの答えは正しかった。

〈Sさんの答え〉　$L = \boxed{}$

(1)　〈Sさんの答え〉の $\boxed{}$ に当てはまる式を，次のア〜エのうちから選び，記号で答えよ。

　　ア　$4an$　　　　イ　$an + 4a$　　　ウ　$2an + 4a$　　　エ　$2an + 2a$

Sさんのグループは，[先生が示した問題]をもとにして，正方形を円に変え，合同な円をいくつか重ねてできる図形の周りの長さを求める問題を考えた。

―[Sさんのグループが作った問題]―――――――――――――――

ℓ を正の数，n を2以上の自然数とする。右の**図5**で，点 O は，円の中心である。同じ半径の円を，次の[きまり]にしたがって，順にいくつか重ねてできる図形の周りの長さについて考える。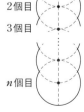

‥‥[きまり]‥‥‥‥‥‥‥‥‥‥‥‥‥‥‥‥‥‥‥‥‥‥‥‥

次の①〜③を満たすように円を重ねる。

①　重ねる円の周上にある1点を，重ねられる円の中心に一致させる。

②　円の中心は，互いに一致せず，すべて1つの直線上に並ぶようにする。

③　図形の周りの長さは，太線（―）の部分とし，点線（‥‥）の部分は含まないものとする。

‥‥‥‥‥‥‥‥‥‥‥‥‥‥‥‥‥‥‥‥‥‥‥‥‥‥‥‥‥‥

図6は，円を n 個目まで順に重ねてできた図形を表している。

同じ半径の円を n 個目まで順に重ねてできた図形の周りの長さを M cm，円1つの周の長さを ℓ cm とするとき，M がどのように表されるか考えよう。

(2) ［Sさんのグループが作った問題］で，$M = \dfrac{\boxed{}}{3}$ となる。$\boxed{}$ の中の式を答えよ。

難 **057** Aの容器には x %の食塩水が100 g，Bの容器には y %の食塩水が100 g 入っている。これらA，Bの食塩水について次のような操作をする。

① まずAから食塩水20 gを取り出しBに移し，よくかき混ぜる。

② 次にBから食塩水20 gを取り出しAに移し，よくかき混ぜる。

この①，②の操作を合わせて1回の操作とする。このとき，次の問いに答えなさい。 (東京・城北高)

(1) 1回操作後のA，Bそれぞれに入っている食塩水の濃度を a %，b %とする。このとき，$a+b$，$a-b$ を x，y を用いて表せ。

(2) この操作を3回繰り返した後のAに入っている食塩水の濃度(%)を x，y を用いて表せ。

---

058 次の問いに答えなさい。

(1) 百の位が x，十の位が y，一の位が z の整数がある。各位の数字 x，y，z を入れかえてできる3桁の整数はもとの整数をふくめ6通りあった。そのすべての和が3330のとき，$x+y+z$ の値を求めよ。 (東京・日本大二高)

(2) ① 2桁の数 x の前と後に7を書き加えてできた4桁の数を x を用いて表せ。

② この4桁の数が x でわり切れるとき，そのような x は全部で何個あるか求めよ。また，そのうちの最大の x の値を求めよ。 (愛媛・愛光高)

解答の方針

057 食塩水の濃度 $= \dfrac{\text{食塩の重さ}}{\text{食塩水の重さ}} \times 100 = \dfrac{\text{食塩の重さ}}{\text{食塩の重さ}+\text{水の重さ}} \times 100$ (%)

059 次の問いに答えなさい。

(1) ある商品は1個売れる毎に80円の利益があり，売れ残ると50円の損失になる。この商品を a 個仕入れ，その2割が売れ残るとすると，1個についていくらの利益が期待できるか答えよ。

(2) ある商品は，原価の1割5分の利益を見込んで定価をつけたが，売れ行きが悪いので，定価の b %引いて売った。このとき，原価を a 円として，売価を a，b を用いて表せ。

(3) ある店では，パンを1個210円で売ると1日250個売れ，1個の値段を10円下げる毎に，1日の売り上げが20個ずつ増えるという。パン1個の値段を $10x$ 円値下げしたときの1日の売り上げ金額を x を用いて表せ。

060 右の図のように「○」で正五角形を作る。各正五角形における「○」の個数を1辺の個数 a 個に着目し，$S(a)$ で表す。例えば，右の図では，それぞれ左から順に $S(1)=1$，$S(2)=5$，$S(3)=12$ である。このとき，$S(1)+S(2)+S(3)+S(4)+S(5)+S(6)$ の値を求めなさい。

（東京・巣鴨高）

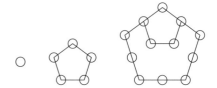

061 数直線において，0を表す点をO，12を表す点をAとし，以下の[操作]によって点B，C，Dを定める。

[操作]　① 1以上11以下の自然数を1つ選び，この自然数を表す点をBとする。

　　　　② ABの中点をCとする。

　　　　③ OCの中点が表している数を四捨五入して得られた自然数を表す点をDとする。

この[操作]をくり返すときは，③で得られた点Dが表す自然数を①における点Bが表す自然数に置き換えて点Cや点Dを新たに定める。例えば，O(0)，A(12) のように書くとき，B(1) としてこの[操作]を2回くり返すと「B(1) ⟶ C(6.5) ⟶ D(3)」⟹「B(3) ⟶ C(7.5) ⟶ D(4)」となる。このとき，次の問いに答えなさい。

（兵庫・青雲高）

(1) B(2) とすると，この[操作]を1回行って得られる点Dが表す自然数を求めよ。

(2) 1以上11以下の自然数 n について，B(n) として何度かこの[操作]を行ったとき，はじめて D(4) となるまでに行った[操作]の回数を【n】とする。例えば，【1】$=2$ である。

(ア) 【n】$=2$ となる1以外の自然数 n をすべて求めよ。

(イ) 【1】$+$【2】$+$【3】$+$【4】$+$【5】$+$【6】$+$【7】$+$【8】$+$【9】$+$【10】$+$【11】の値を求めよ。

解答の方針

059 (2)原価 + 見込みの利益 = 定価，b%は小数に直すと $\dfrac{b}{100}$

060 $S(4)$ の図もかいてみて，規則を見つけるようにしよう。

061 (1)点Cの位置を求めなくても，$\dfrac{12+n}{4}$ に点Bの数字 n をあてはめて，点Dを求めるとよい。

　　　(2)(ア)点Dが四捨五入して5になるところを見つけよう。

062 縦の長さが a cm，横の長さが b cm の長方形の用紙から，正方形を切り取る作業を次の【手順】にしたがって行う。ただし，a，b は整数で，用紙は1目盛り1 cm の方眼用紙とする。

【手順】用紙の短い方の辺を1辺とする正方形を切り取る。残った用紙が正方形でないときは，残った用紙の短い方の辺を1辺とする正方形を切り取る。残った用紙が正方形になるまで，繰り返し正方形を切り取っていく。

　例えば，$a=4$，$b=7$ のときの作業は次のようになる。

　まず，図1のような縦の長さが4 cm，横の長さが7 cm の長方形の用紙から，この用紙の短い方の辺を1辺とする正方形を切り取る。その切り取り方は図2のようになる。次に，残った縦の長さが4 cm，横の長さが3 cm の長方形の用紙から，短い方の辺を1辺とする正方形を切り取る。同様に，残った用紙が正方形になるまで切り取る。

　すると，$a=4$，$b=7$ のときの正方形の切り取り方は図3のようになり，全部で5枚の正方形ができる。

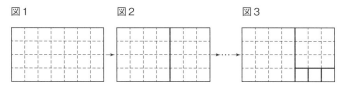

図1　　　　　図2　　　　　図3

このとき，次の問いに答えなさい。　　　　　　　　　　　　　　　　　　　　　　　　（愛媛県）

(1)　$a=4$，$b=13$ のとき，上の図3にならって正方形の切り取り方をかけ。

(2)　$a=8$，$b=13$ のとき，全部で何枚の正方形ができるか求めよ。

難 (3)　$a=3$ のとき，

　①　全部で2枚の正方形ができるような b の値を求めよ。

　②　全部で15枚の正方形ができるような b の値をすべて求めよ。

063 ○をいくつか並べて正方形をつくる。ただし，1辺に並ぶ○の個数は4個より多いものとする。次に，正方形の1辺の個数ずつ下の段から並べ直す。例えば，1辺に6個の○が並んでいる場合は次の図のようになる。

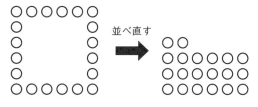

　並んでいる○は全部で20個あり，並べ直した後の最上段には2個の○が並んでいる。

　次の問いに答えなさい。　　　　　　　　　　　　　　　　　　　　　　　（東京・専修大附高）

(1)　○をいくつか並べて正方形をつくり，上記と同様に並べ直した結果，最上段の個数が7個であった。○は全部で何個あるか答えよ。

難 (2)　○をいくつか並べて正方形をつくり，上記と同様に並べ直した結果，最上段の個数が m 個であった。○は全部で何個あるか，m を用いて表せ。

3 方程式

標 準 問 題 ———————————————————————————————— 解答 別冊 p.17

064 [方程式を成り立たせる文字の値を考える]

2元1次方程式 $3x+2y=-5$ の解となるものを，次の⑦～⊥のうちから1つ選びなさい。

　⑦　$x=1,\ y=1$　　　　　　　　　⑦　$x=-1,\ y=1$

　⑦　$x=-3,\ y=2$　　　　　　　　⊥　$x=2,\ y=-3$

065 [方程式が成り立つものを探す]

次の方程式のうち，$x=2$ のとき成り立つものを選びなさい。

　⑦　$x+2=0$　　　　　⑦　$x-5=3$　　　　　⑦　$2x-3=-3x+7$

　⊥　$x^2-x=2$　　　　　⑦　$3x^2-2x=8$　　　　⑦　$x^2-9x=-12$

> **ガイド** 　等号を使って等しい関係を表した式を等式という。等式の等号の左の部分を左辺といい，右の部分を右辺という。左辺と右辺をまとめて両辺という。文字をふくむ等式のうち，その文字にどのような値を代入しても常に成り立つものを恒等式といい，特定の値を代入したときのみ成り立つものを方程式という。この場合の特定の値のことを，方程式の解という。

066 [等式の性質の利用]

次のような順序で方程式を解いた。このとき，矢印の部分で使われている等式の性質は何か。下の⑦～⊥の中から選びなさい。

(1)　$3x-10=2$

　　　↓（①）

　　　$3x-10+10=2+10$

　　　↓

　　　$3x=12$

　　　↓（②）

　　　$\dfrac{3x}{3}=\dfrac{12}{3}$

　　　↓

　　　$x=4$

(2)　$\dfrac{2}{3}x+14=-4$

　　　↓（①）

　　　$2x+42=-12$

　　　↓（②）

　　　$2x=-54$

　　　↓（③）

　　　$x=-27$

　⑦　等式の両辺に同じ数を加えても，等式は成り立つ。

　⑦　等式の両辺から同じ数をひいても，等式は成り立つ。

　⑦　等式の両辺に同じ数をかけても，等式は成り立つ。

　⊥　等式の両辺を0でない同じ数でわっても，等式は成り立つ。

067 ▷ [**等式の性質を正しく使う**]

1次方程式 $\dfrac{x}{3}+4=-2x-10$ を右のように解いた。

⬚ の中には，まちがいがある。最初にまちがって書いた式はどれか，⑦～⑨の中から1つ選んで記号を書きなさい。また，選んだ式を正しく書き直し，それに続けて1次方程式を解きなさい。

$$\dfrac{x}{3}+4=-2x-10$$

$\dfrac{x}{3}+2x=-10-4$	……⑦
$x+6x=-14$	……⑨
$7x=-14$	……⑨
$x=-7$	……⑨

068 ▷ [**移項する**]

次の方程式の文字の項は左辺に，数の項は右辺に移して解きなさい。

(1) $8-7x=-20$　　　(2) $5x-6=3x+2$　　　(3) $5-6x=2x-11$

069 ▷ [**係数が整数の1次方程式を解く**]

次の1次方程式を解きなさい。

(1) $x-6=8x+1$　　　(2) $4-x=2x+16$　　　(3) $7(x-2)=4(x-5)$

重要 070 ▷ [**係数が小数や分数の1次方程式を解く**]

次の1次方程式を解きなさい。

(1) $0.3x+2=-1.5x-7$　　　　　(2) $\dfrac{3}{4}x+3=2-x$

(3) $\dfrac{x+5}{2}+3=\dfrac{4x-1}{3}$　　　　　(4) $0.4-0.03x=\dfrac{9}{100}x-\dfrac{16}{5}$

(5) $3x-\dfrac{8-5x}{4}=5(x-6)-8$　　　　　(6) $2\left(\dfrac{2x+1}{4}-\dfrac{x-3}{6}\right)=\dfrac{x+5}{2}$

ガイド (4)分数と小数が混じった方程式の場合は，小数を分数に直したり，両辺にある数をかけて分数と小数を整数に直したりして同類項を計算する。

071 〉[ある文字についての1次方程式を解く]

次の等式を[ ]内の文字について解きなさい。

(1) $4x + 2y = 9$ [y]

(2) $m = \dfrac{2a + b}{3}$ [b]

(3) $1.25a + 0.25b = 0.5$ [b]

(4) $S = \dfrac{(a + b)h}{2}$ [b]

> **ガイド** 1文字について解く場合は，その文字以外の文字を定数扱いする。

072 〉[比例式①]

次の比例式について，x の値を求めなさい。

(1) $x : 10 = 12 : 5$

(2) $9 : 2 = x : 8$

(3) $(x - 3) : 3 = 4 : 1$

(4) $(x + 3) : 5 = (x - 2) : 2$

> **ガイド** 比例式の性質 $a : b = c : d$ のとき $ad = bc$

073 〉[比例式②]

$(3a - b) : (a + b) = 5 : 4$ であるとき，$a : b$ を求めなさい。

重要 074 〉[1次方程式の解がわかっているときの未定係数を求める]

次の問いに答えなさい。

(1) 方程式 $6 - x = x + 2a$ の解が $x = -5$ であるとき，a の値を求めよ。

(2) x についての2つの1次方程式 $2x - 3 = 5x + 6$，$3x + a = ax - 1$ の解が等しいとき，a の値を求めよ。

(3) x の1次方程式 $\dfrac{x - a}{2} + \dfrac{x + 2a}{3} = 1$ の解が $x = 4$ であるとき，a の値を求めよ。

> **ガイド** $x = p$ が方程式の解であるならば，x に p を代入すると，その方程式が成り立つことを利用して a の値を求める。

075 〉[1 次方程式の応用]

次の問いに答えなさい。

(1) 姉は 1000 円，妹は 800 円をもって本屋に行った。同じ値段の本を，姉が 1 冊，妹が 2 冊買ったところ，姉の残金は妹の残金の 8 倍になった。本 1 冊の値段を求めよ。

(2) ある中学校の全生徒数は a 人である。このうち自転車通学をしている生徒数は b 人で，これは全生徒数の 35 ％にあたる。$b = 140$ のとき，a の値を求めよ。

(3) A 地点から 16 km 離れた B 地点へ行くのに，はじめは時速 12 km で走り，途中から時速 4 km で歩き，2 時間 30 分かかった。このとき，歩いた道のりを求めよ。

(4) 濃度 4 ％の食塩水 220 g と，濃度 7 ％の食塩水を混ぜて 4.8 ％の食塩水をつくりたい。7 ％の食塩水を何 g 混ぜればよいか答えよ。

(5) あるクラスで調理実習をするのに，材料費を集めることになった。1 人 300 円ずつ集めると，材料費が 1300 円不足し，1 人 400 円ずつ集めると，2000 円余る。このクラスの人数を求めよ。

076 〉[1 次方程式を立式する①]

2 つの地点 A，B があり，A 地点から B 地点までの道のりは 700 m である。太郎さんは A 地点から B 地点へ，花子さんは B 地点から A 地点へ向かって同時に歩き出して途中で 2 人は出会った。太郎さんの歩く速さを毎分 80 m，花子さんの歩く速さを毎分 60 m とするとき，太郎さんと花子さんが歩き出してから出会うまでに歩いた道のりをそれぞれ求めなさい。

077 〉[1 次方程式を立式する②]

次の問いに答えなさい。

(1) 連続する 3 つの自然数の和が 6033 になった。3 つの数のうち 1 番小さい数を求めよ。

(2) 一の位が 0 でない 2 桁の正の整数を A，A の十の位の数と一の位の数を入れかえてできる整数を B とする。

$9A = 2B$ が成立しているとき，2 桁の整数 A を求めよ。

> ガイド (2) A の十の位を x，一の位を y とおくと，$10x + y$ と表せる。
> 　　与えられた条件を立式すると，x と y の関係が得られ，x と y が決まる。

078 〉[1 次方程式の応用題①（過不足問題）]

ある幼稚園で園児を長いすに座らせたところ，1 脚に 6 人ずつ座ると 9 人が座れなかった。また，1 脚に 8 人ずつ座ると 1 脚だけ 5 人となり，誰も座らない長いすが 1 脚あったという。次の問いに答えなさい。

(1)　園児の人数を求めよ。

(2)　長いすは何脚あったか求めよ。

ガイド　(1)は園児の人数を x，(2)は長いすの数を y として，それぞれ 2 つの式をたてて，求めてみよう。

重要　079 〉[1 次方程式の応用題②（道のり・速さ・時間の問題）]

次の問いに答えなさい。

(1)　A さんと B さんが一本道の同じ地点にいる。A さんが徒歩で出発してから 20 分後に，B さんは自転車で A さんを追いかけた。A さんの歩く速さは毎分 80 m，B さんの自転車の速さは毎分 400 m とするとき，B さんが出発してから A さんに追いつくのは何分後か求めよ。

(2)　A 君と B 君が一緒に学校を出て，分速 60 m で歩いて駅に向かった。ところが，B 君が忘れ物をしたことに気がついて一旦学校に戻ることにした。A 君はそのままの速度で駅に向かったが，B 君は分速 120 m で走って学校に戻り，3 分間で用事を済ませ，再び分速 120 m で走って A 君を追いかけた。すると，学校から 1200 m 離れたところで A 君に追いついた。
　　B 君は，最初に学校を出てから何分何秒後に学校に戻り始めたか答えよ。

(3)　家から学校まで行くのに，毎分 35 m で行くと，定刻より 4 分遅く着き，毎分 45 m で行くと，定刻より 6 分早く着く。家から学校までの道のりを求めよ。

ガイド　(3)定刻までの時間で等式をたてるとよい。

080 〉[1 次方程式の応用題③（いろいろな問題）]

次の問題を方程式を用いて解きなさい。

(1)　A，B，C，D，E の 5 人が豆のつかみ取りをしたときに，つかんだ豆の個数は，それぞれ 32 個，43 個，28 個，40 個，x 個であった。そして 5 人の平均は 36 個であった。このとき，x の値を求めよ。

⑵　あるクラスの生徒全員に鉛筆を配った。1 人に 3 本ずつ配ると 14 本余り，4 本ずつ配ると
9 本たりなくなった。このクラスの生徒の人数を求めよ。

⑶　連続する 5 つの整数の和が 75 であるとき，この 5 つの整数のうち最も大きいものを求め
よ。

⑷　a km の道のりを時速 4 km で進むのにかかる時間は，$(a+1)$ km の道のりを時速 9 km で
進むのにかかる時間より 1 時間多い。a の値を求めよ。

⑸　右の図は 1 周 400 m のトラックで，かげの部分は長方形，残
りの部分は 2 つの半円である。かげの部分の面積が，残りの部
分の面積の 2 倍に等しいとき，a の値を求めよ。

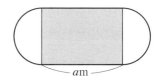

ガイド　⑴ 平均 $=\dfrac{\text{合計}}{\text{個数}}$

重要　081 〉 **［1 次方程式の応用題④（食塩水の問題）］**

次の問いに答えなさい。

⑴　5 % の食塩水を 90 g 用意した。これに食塩を何 g 加えると，10 % の食塩水になるか求め
よ。

⑵　8 % の食塩水 400 g と 5 % の食塩水を混ぜて，さらに水 100 g を加えたところ，濃度は
6 % になった。食塩水は全部で何 g できたか答えよ。

⑶　ある濃度の食塩水 300 g がある。この食塩水を $\dfrac{1}{3}$ 捨てて，同じ量の水を加えると濃度は
2 % であった。最初の食塩水の濃度は何 % だったか答えよ。

---

082 〉 **［1 次方程式の応用題⑤（2 元 1 次方程式　自然数解）］**

次の問いに答えなさい。

⑴　x，y を自然数とするとき，$3x+4y=56$ をみたす x，y の値の組をすべて求めよ。

⑵　$(x+3)y=12$ となる自然数 x，y の値の組をすべて求めよ。

ガイド　⑴ x または y について解くとよい。この問題の場合は，y について解くと，x の候補がしぼりやすい。

重要 083 〉[1 次方程式の応用題⑥（割合の問題）]

次の問いに答えなさい。

(1) A 高校と B 高校の生徒数の合計は 2050 人で，A 高校の生徒数は B 高校の生徒数の 7 割より 95 人多いという。A 高校の生徒数を求めよ。

(2) 40 人のクラスで調査をしたところ，男子全体の $\frac{5}{6}$，女子全体の $\frac{3}{4}$，クラス全体の $\frac{4}{5}$ の生徒が東京都民であった。このクラスの男子の人数を求めよ。

(3) ある中学校の美術部では，手づくりの絵はがきを A，B 2 か所の福祉施設に贈ることにした。A の施設に贈る絵はがきは，全部員の $\frac{1}{3}$ が 1 人 4 枚ずつ，ほかの部員が 1 人 3 枚ずつ作成する。また，B の施設に贈る絵はがきは，A の施設より 30 枚多く用意する必要があるため，全部員のうち 10 人が 1 人 6 枚ずつ，ほかの部員が 1 人 5 枚ずつ作成することにした。
　部員は全員で何人か答えよ。部員の全人数を x 人として方程式をつくり，求めよ。

084 〉[1 次方程式の応用題⑦（合計点数　規則性）]

次の問いに答えなさい。

(1) A さんが 1 枚のコインを投げ，表が出れば 2 点加え，裏が出れば 3 点減らすゲームを行う。ゲーム開始前の A さんの得点を 0 点とし，このゲームを n 回行ったうち，表が 5 回出て，ゲーム終了時の A さんの得点が -2 点であった。n の値を求めよ。

(2) 長さ 5 cm の棒を使って，右の図のように三角形を横につないだ台形をつくる。

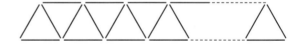

いま，上底に 120 本の棒を使うとき，下底には棒が ① 本必要であり，この台形に必要な棒の総数は ② 本である。また，台形をつくるのに必要な棒の総数が 71 本のとき，下底の長さは ③ cm である。このとき，① 〜 ③ に入る数値を答えよ。

最 高 水 準 問 題 ———————————————— 解答 別冊 p.23

085 次の方程式を解きなさい。

(1) $0.3x + 0.04 = 0.005x$ （神奈川・慶應高）

(2) $\dfrac{x}{3} - \dfrac{4x-3}{5} = 2$ （東京・日本大豊山女子高）

(3) $\dfrac{5x+1}{4} - \dfrac{2x+1}{2} = 2$ （山梨・駿台甲府高）

(4) $\dfrac{2x+3}{5} = \dfrac{x+2}{4} + 1$ （大阪府）

(5) $\dfrac{5}{12}(x-2) = \dfrac{1}{4}\left\{2(x+1) + \dfrac{x-2}{3} - x\right\}$ （東京・日本女子大附高）

086 右の**表**は，写真店 A 店と B 店の写真のプリント料金をそれぞれまとめたものである。A 店と B 店でそれぞれ同じ枚数の写真をプリントする。ある枚数の写真をプリントすると A 店と B 店のどちらに頼んでも税抜きの料金が同じになる。このときの写真の枚数を次のように求めた。求め方が正しくなるように， ア には方程式をつくって解く過程を， イ にはあてはまる数を書きなさい。ただし，写真は 1 枚以上プリントするものとする。 （秋田県）

表 写真のプリント料金

店	料金（税抜き）
A店	写真1枚につき24円。
B店	1枚から30枚までは写真1枚につき30円。31枚からは写真1枚につき15円。

30 枚までは A 店のほうが安い。31 枚以上の場合を考える。A 店と B 店でそれぞれ x 枚プリントしたとして方程式をつくって解くと，

ア

$x \geqq 31$ であるから，この解は適している。

したがって， イ 枚のとき，同じ料金になる。

087 次の問いに答えなさい。

(1) A 君は毎朝同じ時刻に家を出て学校に向かう。A 君はある日，毎分 100 m の速さで歩いたら 5 分遅刻したので，翌日は毎分 100 m の速さで歩いたところ，7 分前に着いたという。
　このとき，家から学校までの距離は何 km か求めよ。 （茨城・土浦日本大高）

(2) ある町で全住宅の太陽光発電システムの設置状況について調査をしたところ，設置している住宅戸数は設置していない住宅戸数より 2160 戸少なかった。また，設置している住宅戸数は全住宅戸数の 5 ％であった。設置している住宅戸数を求めよ。 （茨城県）

088 次の問いに答えなさい。

(1)　黒，白2種類の石がいくつかずつある。はじめ，白石の個数が全体の個数にしめる割合は40 %であった。白石の個数を14個減らしたところ，白石の個数が全体の個数にしめる割合は25 %になった。はじめにあった黒石，白石の個数をそれぞれ求めよ。　　　　　　　　　（東京・早稲田大高等学院）

(2)　昨年の子ども会のバザーで，おにぎりをつくって販売したところ，20個売れ残った。そこで，今年のバザーではつくる個数を昨年より10 %減らして販売したところ，つくったおにぎりはすべて売れ，売れたおにぎりの個数は昨年売れた個数より5 %多かった。
　　　昨年のバザーでつくったおにぎりの個数を求めよ。　　　　　　　　　　　　　　（愛知県）

(3)　線分 AB 上に動点 P，Q がある。2点 P，Q は同時に点 A を出発し，それぞれ秒速2 cm，秒速3 cm で，点 B まで移動する。点 Q が点 B に到達したとき，PB＝8 cm であった。線分 AB の長さは何 cm か答えよ。　　　　　　　　　　　　　　　　　　　　　　　　（東京・産業技術高専）

(4)　千の位が5であるような4桁の自然数がある。千の位の数字を一の位に移動し，残りの位の数字をそのまま1桁ずつ左にずらしてできる自然数は，もとの自然数の4分の1より1134大きいという。もとの4桁の自然数を求めよ。　　　　　　　　　　　　　　　　（東京・青山学院高等部）

(5)　ある高校の1年生が全員登校し，これら全生徒に対し登校時間の調査を行った。すると，7：30より前に登校する高校1年生の数は，全生徒の3割であり，8：00以降に登校する生徒の数と同じであった。また，8：00より前に登校する生徒の数は，8：00以降に登校する生徒の数よりも300人多かった。この高校1年生の，全生徒数を求めよ。　　　　　　　　（茨城・江戸川学園取手高改）

(6)　長さ a のひもから，1回目の操作で $\frac{1}{3}$ を切り取り，2回目の操作で残ったひもの $\frac{1}{4}$ を切り取り，3回目の操作で2回目で残ったひもの $\frac{1}{5}$ を切り取る。このような操作を何回くり返すと，残りのひもの長さは $\frac{1}{7}a$ となるか答えよ。　　　　　　　　　　　　　　　（東京・明治大付明治高）

解答の方針

088 (1) はじめの白石の個数が全体の40 %であるから，黒石の個数は60 %
　　したがって，はじめの白石と黒石の個数の割合は，40：60＝2：3であるから，はじめの白石と黒石の個数をそれぞれ $2x$，$3x$ とおくとよい。

(4) もとの4桁の自然数を $5000+x$ とおくと，千の位の数字を一の位に移動し，残りの位の数字をそのまま1桁ずつ左にずらしてできる自然数は x で表せる。

089 次の問いに答えなさい。

(1) $x:y=3:2$ のとき，$\dfrac{4x-9y}{6x+3y}$ の値を求めよ。

（東京・巣鴨高）

(2) 6個入りの菓子箱 A と 8個入りの菓子箱 B がそれぞれいくつかあり，A の箱は B の箱より 2箱多い。いま，A のどの箱にも菓子を詰めると菓子はいくつか残り，その数は A の 1箱分より多く B の 1箱分にはみたない。また B のどの箱にも菓子を詰めると菓子は 5個残る。菓子の個数を求めよ。

（大阪教育大附高平野）

(3) あるクラスは生徒数 a 人で，そのうち女子は b 人である。身長を調べたところ，平均身長はクラス全体では c センチメートルであり，女子だけでは d センチメートルであった。

男子だけの平均身長は何センチメートルになるか，a，b，c，d で表せ。ただし，$a>b$ とする。

（兵庫・白陵高）

(4) 濃度 5 % の食塩水 60 g が入ったビーカー I と，30 g の蒸留水が入ったビーカー II があり，次の操作を行う。

〔操作〕 I，II からそれぞれ同時に x g を取り，I から取った分を II に，II から取った分を I に入れてよくかき混ぜる。

この操作後に，ビーカー I とビーカー II の食塩水の濃度が等しくなった。このとき，x の値を求めよ。

（東京・青山学院高等部）

難 090 次の文章を読み，下の問いに答えなさい。

『A さんは毎朝 6時に家を自転車で出発し，毎分 300 m の速さで駅へ向かい，6時 24 分に駅に到着する。ある朝，A さんはいつものとおり 6時に家を出発して毎分 300 m の速さで駅へ向かった。ところが，家を出て 10 分後に忘れ物をしたことに気づき，すぐに家へ向かって毎分 400 m の速さで引き返した。一方，A さんの父親が A さんの忘れ物に気づき，6時 4分に家を自転車で出発し，毎分 320 m の速さで A さんを追いかけていた。A さんは家に着く前に父親と出会って，忘れ物を受け取り，毎分 x m の速さで駅に向かった。（ただし，自転車の速さは常に一定で，問題文以外の場所で止まることはなく，方向転換や忘れ物の受け取りにかかる時間は無視できるものとする。）』

(1) A さんと父親が出会う時刻を 6時 t 分とする。t の値を求めよ。

(2) 忘れ物を受け取った A さんが，いつもと同じ時刻に駅に到着できる x の値を求めよ。

（東京・お茶の水女子大附高）

解答の方針

089 (1) $x:y=3:2$ であるから，$\dfrac{x}{3}=\dfrac{y}{2}=k$ とおいて考える。

090 (1) A さんが引き返した道のりと父親が追いかけた道のりの和を考える。

091 直線 ℓ 上に点 O, A, B, C が並んでいる。O は定点で, その他の点は次の条件で一斉に動き始めるものとする。

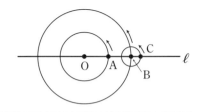

点 A は, 点 O を中心とした半径 OA の円周上を左周りに, 1 周 48 秒の速度で動く。

点 B は, 点 O を中心とした半径 OB の円周上を左周りに, 1 周 84 秒の速度で動く。

点 C は, 点 B を中心とした半径 BC の円周上を左周りに, 1 秒に $\left(\dfrac{45}{2}\right)^{\circ}$ ずつ回転する。すなわち, 点 C は 16 秒ごとに点 B の周りを 1 周し, そのとき直線 BC と ℓ は平行になる。(直線 BC と ℓ が一致する場合もふくむ)

次の問いに答えなさい。 （東京・専修大附高）

(1) 動き始めてから 5 秒後の ∠AOB を求めよ。

難(2) 初めて 3 点 O, A, B が一直線上に並ぶのは, 動き始めてから何秒後のことか求めよ。ただし, 3 点がこの順番に並んでいるとは限らない。

難(3) 初めて 4 点 O, A, B, C が一直線上に並ぶのは, 動き始めてから何秒後のことか求めよ。ただし, 4 点がこの順番に並んでいるとは限らない。

092 方程式 $24x + 19y = 1$ $\cdots$① を満たす整数 x, y の組について考える。次の ア から ク にあてはまる式や値を書きなさい。 （東京・國學院大學久我山高）

①より $y = \dfrac{1-24x}{19}$ ここで, $\dfrac{24}{19} = \dfrac{5}{19} + \dfrac{19}{19}$ だから,

$$y = \dfrac{1-5x-19x}{19} = \dfrac{1-5x}{19} - x$$

y は整数だから a を整数として, $1 - 5x = 19a$ $\cdots$② と表せる。

②より $x = \dfrac{1-19a}{5}$ ここで, $\dfrac{19}{5} = \dfrac{4}{5} + \dfrac{15}{5}$ だから,

$$x = \dfrac{1-4a-15a}{5} = \dfrac{\boxed{\text{ア}}}{5} - 3a$$

x は整数だから b を整数として, $\boxed{\text{ア}} = 5b$ $\cdots$③ と表せる。

③より $a = \dfrac{\boxed{\text{イ}}}{4} = \dfrac{\boxed{\text{ウ}}}{4} - b$

a は整数だから c を整数として, $\boxed{\text{ウ}} = 4c$ $\cdots$④ と表せる。

④より $b = \boxed{\text{エ}}$

これより x, y を c を用いて表すと, $x = \boxed{\text{オ}}$, $y = \boxed{\text{カ}}$ となる。

よって, ①を満たす整数の組のうち x の値が 100 に最も近い組は,

$(x, y) = (\boxed{\text{キ}}, \boxed{\text{ク}})$ である。

解答の方針

091 (2)「3 点 O, A, B が一直線上に並ぶ」⟺「∠AOB ＝ 180° × k (k：0 以上の整数)」

093 x グラムの砂糖が入った容器から，A，B，C の 3 人が順番に，それぞれ 2 回ずつ砂糖をとる。まず，A が 100 グラムの砂糖をとり，さらに，この容器に残った砂糖の重さの 10 分の 1 の重さの砂糖をとった。次に，B が 200 グラムの砂糖をとり，さらに，この容器に残った砂糖の重さの 10 分の 1 の重さの砂糖をとった。最後に，C が y グラムの砂糖をとり，さらに，この容器に残った砂糖の重さの 10 分の 1 の重さの砂糖をとった。

次の問いに答えなさい。　　　　　　　　　　　　　　　　　　　　　　（千葉・東邦大付東邦高）

(1)　A がとった砂糖の重さの合計を x を用いて表せ。

(2)　A がとった砂糖の重さの合計と，B がとった砂糖の重さの合計が等しいとき，はじめに容器に入っていた砂糖の重さ（x グラム）を求めよ。

(3)　A がとった砂糖の重さの合計と，B がとった砂糖の重さの合計と，C がとった砂糖の重さの合計がすべて等しいとき，C が 1 回目にとった砂糖の重さ（y グラム）を求めよ。

094 兄と弟はそれぞれ貯金箱をもっている。その中に 50 円硬貨と 100 円硬貨を貯金している。ある年の 4 月まで貯金を続けたところ，次の 2 つのことがわかった。　　　　　　　　（広島大附高）

①　貯金している 100 円硬貨の枚数は，兄が 30 枚，弟が 18 枚である。

②　兄と弟それぞれの貯金している硬貨の合計枚数は等しい。

(1)　このとき，兄のほうが弟よりもいくら多く貯金しているか答えよ。

(2)　4 月の状態から，兄が貯金している硬貨の枚数をできるだけ少なくするように兄弟で両替する。すると，兄が貯金している 50 円硬貨の枚数と，弟が貯金している 100 円硬貨の枚数の合計が 10 枚になった。このとき，両替するまえに兄が貯金していた 50 円硬貨の枚数は何枚であったか。考えられるものをすべて答えよ。

095 東から西へ向かって急行列車が一定の速さで走っている。ある踏切に近づいているとき，5 秒間警笛を鳴らし続けたら，その踏切の前にいた人には 4.5 秒間聞こえた。

音の速さは毎秒 340 m として，次の問いに答えなさい。　　　　　　　　　（東京・城北高）

(1)　急行列車の速さは秒速何 m か答えよ。

難(2)　急行列車がこの踏切を遠ざかっているとき，この踏切の前にいた人には警笛が 4.4 秒間聞こえた。警笛を何秒鳴らし続けたか答えよ。

解答の方針

094 (2) 弟が貯金していた硬貨がすべて 100 円のとき，弟の硬貨の合計枚数は 18 枚であるから，兄が貯金していた 50 円硬貨の枚数を x 枚としたとき，

　　(i) x が 36 以下の偶数　　(ii) x が 36 以下の奇数　　(iii) x が 37 以上

　　の 3 つの場合に分けて考える。

難 **096** 1周200 m の円形の道路を2台のロボットP，Qがともに同じ向きにそれぞれ等速度で歩き続けている。Pの速さは20 m/分，Qの速さは x m/分である。

ある時刻 t では，PはQの10 m前を歩いていたが，時刻 t の20分後にはPはQの30 m後ろを歩いていた。

なお，Qの速さは50 m/分より速くはない。 （大阪教育大附高平野）

⑴ x の値をすべて求めよ。

⑵ その20分間にPがQに2度追い抜かれたときは，時刻 t の何分後と何分後に追い抜かされたか答えよ。

097 右の図のように，円Oの周上に点Aがある。2点P，Qは点Aを同時に出発し，円周上を動く。点Pは毎秒4 cmの速さで動き，点Qは一定の速さで，点Pより速く動く。

点Pが時計回りに動き，点Qが反時計回りに動くとき，2点P，Qが出発してから12秒後に2点P，Qが出発後初めて一致する。

また，2点P，Qがともに時計回りに動くとき，2点P，Qが出発してから1分後に2点P，Qが出発後初めて一致する。

点Qの速さは毎秒何 cmか求めなさい。

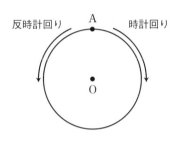

（神奈川・横須賀高）

098 線分AB上に2点A，Bのいずれとも異なる点Cがあり，線分BCの長さは8 cmである。

点Pは点Aを出発し，毎秒2 cmの速さで線分AC上を点Cまで動き，点Cでただちに折り返して同じ速さで線分AC上を点Aまで動く。点Qは，点Pが点Aを出発するのと同時に点Bを出発し，毎秒3 cmの速さで線分AB上を点Aまで動く。

2点P，Qが同時に点Aに到着するとき，線分ACの長さは何 cmか求めなさい。

（東京・産業技術高専）

解答の方針

096 点Pは20分間で400 m進むことに着目する。

097 点Pが時計回り，点Qが反時計回りに動くときは，2点が動いた道のりの和は，円Oの円周の長さに等しい。

また，点P，Qがともに時計回りに動くとき，点Qが動いた道のりから点Pが動いた道のりをひくと，円Oの円周の長さに等しい。

099 砂糖水の濃度(%)は次の式で表される。

$$砂糖水の濃度(\%) = \frac{砂糖の量(g)}{砂糖水全体の量(g)} \times 100$$

次の問いに答えなさい。

（東京工業大附科技高）

(1) (ア) 濃度 x % の砂糖水 240 g に水 60g を加え，濃度 $\left(\dfrac{1}{3}x+7\right)$ % の砂糖水をつくった。このとき，x の値を求めよ。

　(イ) (ア)においてつくった砂糖水に，さらに水を y g 加えて，濃度 8 % の砂糖水をつくった。このとき，y の値を求めよ。

(2) 濃度 3 % の砂糖水と濃度 16 % の砂糖水を混ぜて，濃度 12 % の砂糖水を 780 g つくるとき，2 種類の砂糖水をそれぞれ何 g 混ぜればよいか求めよ。

100 机の上に 1 から 10 までの正の整数が 1 つずつ表に書かれた 10 枚のカードがある。それぞれのカードの裏には，表の数と絶対値が等しい負の整数が書かれている。これら 10 枚のカードのうち 2 枚を裏にし，残りをそのままにしたとき見える 10 個の整数の和が 41 であった。裏にした 2 枚のカードの表に書かれている正の整数の組をすべて求めなさい。

（東京学芸大附高）

101 底面積が 20 cm^2 の円柱の形をした水そう A と，底面積が 30 cm^2 の円柱の形をした水そう B が水平な台の上に置かれている。水そう A には高さ 9 cm まで，水そう B には高さ 13 cm まで水が入っている。いま，水そう A からは 1 秒間に 4 cm^3 の割合で，水そう B からは 1 秒間に 12 cm^3 の割合で水を抜いていく。2 つの水そうから同時に水を抜き始めたとき，水面の高さが同じになるのは，水を抜き始めてから何秒後か求めなさい。ただし，水そうの厚さは考えないものとする。

（神奈川・横浜翠嵐高）

102 右の図のように，自然数を順に横に 7 つずつ並べた表がある。例のように 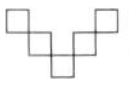 のような形で 5 つの数を囲む。次の問いに答えなさい。

（東京・日本大豊山高）

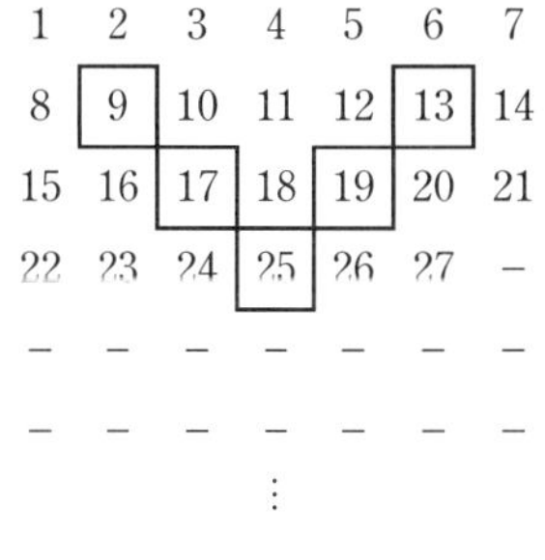

(1) 1 番小さい数を n として，1 番大きい数を n を使って表せ。

(2) □で囲まれた 5 つの数の和が 288 のとき，1 番大きい数を求めよ。

1	2	3	4	5	6	7
8	9	10	11	12	13	14
15	16	17	18	19	20	21
22	23	24	25	26	27	–

解答の方針

099 砂糖(食塩) = 砂糖水(食塩水) × $\dfrac{濃度(\%)}{100}$

　砂糖(食塩)水の問題では，「溶けている砂糖(食塩)の量」に着目して方程式を立てる。

4 比例と反比例

解答 別冊 p.29

標 準 問 題

103 [関数関係の意味]

次の2つの数量 x, y について，y は x の関数であるものはどれか答えなさい。

㋐ 直径 x cm の円の周の長さは y cm である。

㋑ 周の長さが30 cm の長方形の横の長さを x cm としたときの面積は y cm^2 である。

㋒ 毎時40 km の速さで走る自動車は，x 時間に y km 進む。

㋓ 身長 x cm の人の座高は y cm である。

㋔ 面積が y cm^2 の円の半径は x cm である。

㋕ おうぎ形の弧の長さを x cm としたときの中心角の大きさは y° である。

> **ガイド** ある数量とそれにともなって変化する他の数量があり，それぞれを変数 x, y で表す。x の値を決めると，それにつれて y の値もただ1つ決まるとき，y は x の関数であるという。

重要 104 [ともなって変わる2つの量]

縦5 cm，横12 cm の長方形の紙を，右の図のように，重なる部分がどこも1 cm になるようにつなぎ合わせる。

このとき，次の問いに答えなさい。

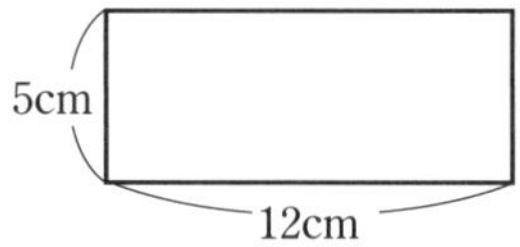

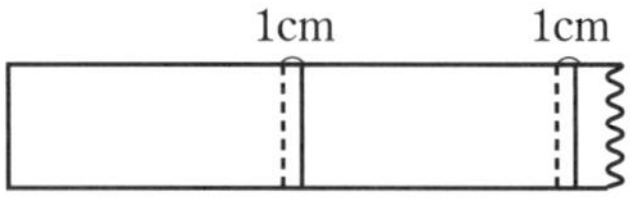

(1) つなぎ合わせる紙が，1枚，2枚，3枚，……と増えるとき，全体の長さ（横の長さ）はどのように変わるか。下の表の空らんをうめよ。

枚数(枚)	1	2	3	4	5	6
長さ(cm)	12					

(2) つなぎ合わせる紙の枚数を x 枚，全体の面積を y cm^2 とするとき，x と y の関係はどのようになるか。右の表の空らんをうめよ。

x	1	2	3	4	5	6
y	60					

105 **[変数と変域]**

次のそれぞれの場合について，変数 x，y の変域を答えなさい。

(1) 長さが 30 cm のひもから x cm 切り取るとき，残りの長さ y cm

(2) 縦 10 cm，横 15 cm，高さ 12 cm の直方体の入れものに水を入れる。水面の高さが x cm のときの水の体積 y cm^3

> **ガイド** 数量を文字で表すとき，いろいろな値をとることのできる文字を変数という。
>
> これに対して，数や値の決まっている文字を定数という。変数のとる値の範囲を変域という。変域は不等式を使って表すか，1つずつ書きあげる。
>
> 不等式による表し方 　　　x が a より大きい……$x>a$，x が a より小さい(x は a 未満)……$x<a$
>
> 　　　　　　　　　　　　x が a 以上……$x≧a$，x が a 以下……$x≦a$
>
> 　　　　　　　　　　　　x が a 以上 b 以下……$a≦x≦b$

106 **[比例・反比例の表を完成させる]**

次の問いに答えなさい。

(1) 右の表は，x と y の関係を表したものである。y が x に比例するとき，表中の a，b の値を求めよ。

x	-3	a	2	4
y	15	5	-10	b

(2) 右の表は，y が x に反比例するときの対応の表である。この表の中の a，b の値を求めよ。

x	1	a	6	8
y	24	12	4	b

107 **[比例・反比例の判別]**

次の x，y の関係について，y が x に比例するものには○，反比例するものには△，どちらでもないものには × をつけなさい。

(1) 1 m あたりの重さが 30 g である針金 x m の重さ y g

(2) 1 本 x 円の鉛筆 12 本の代金 y 円

(3) 8 m のひもを x 人で同じ長さに分けたときの 1 人分のひもの長さ y m

(4) コップの中の水 70 mL から x mL 飲んだときのコップの中に残った水の量 y mL

(5) 100 km 離れた場所に，時速 x km の自動車で行くとき，到着するまでの時間 y 時間

(6) 半径 x cm の円の面積 y cm^2

> **ガイド** ともなって変わる変数 x，y があって，比例定数を a とするとき，
>
> 　　　比例する場合は，$y=ax$，反比例する場合は，$y=\dfrac{a}{x}$ $(xy=a)$
>
> と表される。

重要 | 108 〉[比例の関係を考える]

次の問いに答えなさい。

(1) y は x に比例し，$x=6$ のとき，$y=-18$ である。このとき，x，y の関係を式に表せ。

(2) y は x に比例し，$x=3$ のとき，$y=-9$ である。$x=-2$ のときの y の値を求めよ。

(3) y は x に比例し，x の値が 3 増加するとき，y の値は 4 減少する。このとき，次の問いに答えよ。

   ① y を x の式で表せ。

   ② y の値が 6 のときの x の値を求めよ。

(4) 底辺が x cm，高さが 4 cm である三角形の面積を y cm^2 とする。y を x の式で表せ。

> ガイド ともなって変わる変数 x，y があって，その関係が $y=ax$（a は定数）で表されるとき，y は x に比例する（または正比例する）といい，a を比例定数という。

| 109 〉[比例とそのグラフを考える]

30 L の水が入る空の水そうに，毎分一定の割合で水を入れ，いっぱいになったら水を入れるのを止める。水を入れ始めて x 分後の水そうの水の量を y L として x と y の関係をグラフに表すと右の図のようになった。

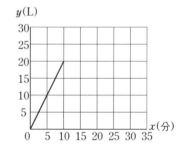

次の問いに答えなさい。

(1) 水の量は，毎分何 L ずつ増しているか求めよ。

(2) x と y の関係式を求めよ。

(3) 10 分後からは，毎分 0.5 L の割合で水を入れるとする。このときの x，y の関係を表すグラフを図にかき入れよ。

> ガイド 関数 $y=ax$ のグラフは，原点と点 $(1, a)$ を通る直線である。また，グラフが原点を通る直線なら，y は x に比例し，$y=ax$（a は比例定数）という関係式で書ける。

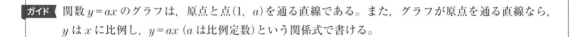

◆重要 $\boxed{110}$ ［反比例の関係について考える］

次の問いに答えなさい。

(1) y は x に反比例し，$x=2$ のとき，$y=4$ である。このとき，比例定数を求めよ。

(2) y は x に反比例し，$x=3$ のとき，$y=-4$ である。y を x の式で表せ。

(3) y は x に反比例し，$x=3$ のとき $y=-2$ となる。$y=2$ のとき，x の値を求めよ。

(4) y は x に反比例し，$x=3$ のとき $y=6$ である。$x=-2$ のとき，y の値を求めよ。

(5) 反比例のグラフが 2 点 $(6，1)$，$(2，b)$ を通るとき，b の値を求めよ。

ガイド ともなって変わる変数 x，y があって，その関係が $y=\dfrac{a}{x}$ (a は定数) で表されるとき，y は x に反比例するという。このとき，a を比例定数という。

$\boxed{111}$ ［比例・反比例とその変域について考える］

次の問いに答えなさい。

(1) y は x に比例し，$x=2$ のとき $y=-6$ である。また，x の変域が $-2 \leqq x \leqq 1$ のとき，y の変域は $a \leqq y \leqq b$ である。このとき，a，b の値を求めよ。

(2) y は x に反比例し，$x=3$ のとき $y=8$ である。また，x の変域が $2 \leqq x \leqq 6$ のとき，y の変域は $a \leqq y \leqq b$ である。このとき，a，b の値を求めよ。

(3) y は x に反比例し，x の値が 2 から 4 まで増加するとき，y の値は 2 減少する。x の変域を $5 \leqq x \leqq 7$ とするとき，y の変域を求めよ。

(4) 面積が $8\,\mathrm{cm}^2$ である長方形の縦の長さを $x\,\mathrm{cm}$，横の長さを $y\,\mathrm{cm}$ とする。x の変域が $1 \leqq x \leqq 4$ のときの y の変域を求めよ。

ガイド 変域はグラフで考えるとよい。

$y=ax$ のとき，$a>0$ なら，x が増加すれば，y も増加する。

　　　　　　　$a<0$ なら，x が増加すれば，y は減少する。

$y=\dfrac{a}{x}$ のとき，$a>0$ なら，x が増加すれば，y は減少する。

　　　　　　　$a<0$ なら，x が増加すれば，y も増加する。

　　　　　　　ただし，$x=0$ でグラフが切れている。

46

重要 **112** [比例・反比例とそのグラフを考える]

次の問いに答えなさい。

(1) 右の図の直線は，比例のグラフである。このグラフについて，y を x の式で表せ。

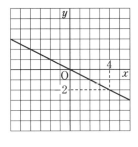

(2) 右の図で，① は $y = \dfrac{6}{x}$ のグラフである。点 A は ① 上の点で，x 座標は -2 である。原点 O について点 A と対称な点の座標を求めよ。

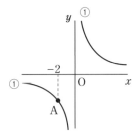

113 [比例・反比例とそのグラフについて考える]

次の問いに答えなさい。

(1) 右の図において，直線① は関数 $y = 3x$ のグラフである。曲線② は反比例のグラフである。点 A は直線① と曲線② との交点で，その x 座標は -2 である。

点 B が曲線② 上にあり，その x 座標が 8 のとき，点 B の y 座標を求めよ。

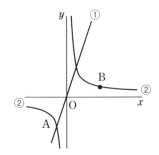

(2) 大小 2 つのさいころを投げ，大きいさいころの目を a，小さいさいころの目を b とするとき，それぞれを x 座標，y 座標とする点 (a, b) をとる。このようにして決まる 36 個の点のうち，図の点 $(1, 1)$ のように，反比例 $y = \dfrac{6}{x}$ $(x > 0)$ のグラフよりも下側にある点は，点 $(1, 1)$ をふくめて何個あるか答えよ。

ただし，グラフ上の点はふくまないものとする。

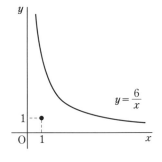

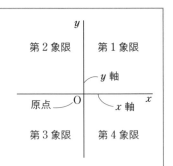

ガイド　y は x に比例 $\Leftrightarrow y = ax \Leftrightarrow \dfrac{y}{x} = a$ $(x \neq 0)$，$x = 0$ のとき $y = 0$ のとき

$a > 0$ なら，そのグラフは，第1・3象限内および原点

$a < 0$ なら，そのグラフは，第2・4象限内および原点

y は x に反比例 $\Leftrightarrow y = \dfrac{a}{x} \Leftrightarrow xy = a$ のとき

$a > 0$ なら，そのグラフは，第1・3象限内にある

$a < 0$ なら，そのグラフは，第2・4象限内にある

なお，$y = ax$，$y = \dfrac{a}{x}$ のグラフはともに点 $(1, a)$ を通る。

第2象限	第1象限
	y 軸
原点　O	x 軸
第3象限	第4象限

最高水準問題

解答 別冊 p.32

114 次の問いに答えなさい。

(1) あるペットボトル 20 本をリサイクルすると，ワイシャツが 4 枚できるという。

　このとき，このペットボトルの本数を x 本，できるワイシャツの枚数を y 枚として，y を x の式で表せ。

（東京・白鷗高）

(2) 16 L 入る容器に，毎秒 x L の割合で水を入れるとき，いっぱいになるまでに y 秒かかる。

　このとき，y を x の式で表せ。

（埼玉県）

115 次の問いに答えなさい。

(1) 面積が 12 cm^2 の長方形がある。

　横の長さを x cm，縦の長さを y cm として，y を x の式で表したものを，次の⑦～①のうちから 1 つ選び，記号で答えよ。

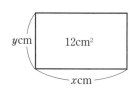

　　⑦　$y = 12x$　　　④　$y = \dfrac{12}{x}$　　　⑦　$y = x - 12$　　　①　$y = \dfrac{x}{12}$

（千葉県）

(2) 使い残した針金の重さをはかったところ 400 g あった。この針金の 10 cm の重さは 2 g である。

　使い残した針金の長さは何 m か，次の⑦～①から 1 つ選べ。

　　⑦　10 m　　　④　20 m　　　⑦　40 m　　　①　80 m

（徳島県）

116 次の問いに答えなさい。

(1) y は x に反比例し，$x = 3$ のとき $y = 2b$ である。x，y，b が整数で，x の値と y の値が等しくなるとき，最も小さい b の値を求めよ。

（東京・白鷗高）

(2) x と y は $x : y = 5 : 6$ を満たしており，z は y に反比例している。$x = 20$ のとき，$z = 4$ であった。$x = 40$ のとき，z の値を求めよ。

（東京・国分寺高）

(3) y は x に反比例して，$x = 3$ のとき $y = 2$ である。また，z は y に比例して，$y = 2$ のとき $z = 6$ である。$x = -2$ のとき，z の値を求めよ。

（東京工業大附科学技術高）

解答の方針

116 y が x に反比例していて，$x = a$ のとき $y = b$ であるとき，比例定数は ab であるので，$y = \dfrac{ab}{x}$ と表せる。

　　y が x に比例していて，$x = a$ のとき $y = b$ であるとき，比例定数は $\dfrac{b}{a}$ であるので，$y = \dfrac{b}{a}x$ と表せる。

117 次の問いに答えなさい。

(1) y は x に比例し，その比例定数は負の数である。x の変域が $-6 \leqq x \leqq 3$ のとき，y の変域は $-7 \leqq y \leqq \boxed{}$ になる。$\boxed{}$ にあてはまる数を求めよ。　　　　(宮城県)

(2) y は x に比例し，x の変域が $3 \leqq x \leqq 12$ のとき，y の変域が $a \leqq y \leqq 4$ である。このとき，a の値を求めよ。　　　　(神奈川・多摩高)

(3) y は x に比例し，x の値が -3 から 2 まで増加するとき，y の値は 10 減少する。このとき，y を x の式で表せ。　　　　(新潟県)

118 図のように，関数 $y = \dfrac{a}{x}$ のグラフ上に x 座標が正である点 P をとり，その x 座標を t とする。ただし，$a > 0$ とする。

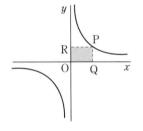

点 P から x 軸，y 軸に垂線をひき，その交点をそれぞれ Q，R とする。$t = 2$ のとき，四角形 OQPR は正方形になった。

次の問いに答えなさい。ただし，座標軸の単位の長さは 1cm とする。

(兵庫県)

(1) a の値を求めよ。

(2) 次の $\boxed{①}$，$\boxed{②}$ にあてはまる数や式を書け。

　　辺 OR の長さを t を使って表すと $\boxed{①}$ cm となる。よって，四角形 OQPR の面積は $\boxed{②}$ cm^2 であり，t の値に関係なく一定である。

(3) 四角形 OQPR を，x 軸を軸として 1 回転させてできる立体の体積を V cm^3，y 軸を軸として 1 回転させてできる立体の体積を W cm^3 とする。このとき，t と体積 V の関係，t と体積 W の関係を，次の⑦〜⑦から選び，それぞれ記号で答えよ。

　⑦　比例の関係があり，t の値が増加するにつれて体積は増加する。

　⑦　比例の関係があり，t の値が増加するにつれて体積は減少する。

　⑦　反比例の関係があり，t の値が増加するにつれて体積は増加する。

　⑦　反比例の関係があり，t の値が増加するにつれて体積は減少する。

　⑦　t の値に関係なく，体積は一定である。

解答の方針

117 (2) 比例定数が正のときと負のときに場合分けして考える。

119 右の図のように，関数 $y = \dfrac{18}{x}$ $(x>0)$ のグラフ上に 2 点 P，Q

があり，点 Q の x 座標は点 P の x 座標の 3 倍である。また，点 P を
通り y 軸に平行な直線と x 軸との交点を R とし，線分 PR と線分 OQ
の交点を S とするとき，次の問いに答えなさい。 （大分県）

(1) △OPR の面積を求めよ。

(2) △OPS の面積を求めよ。

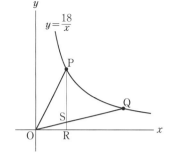

120 右の図において，①は関数 $y = ax$，②は関数 $y = \dfrac{18}{x}$ のグラフ

である。点 A は①と②の交点で，その y 座標は 6 である。このとき，
次の問いに答えなさい。 （高知県）

(1) 点 A の座標を求めよ。

(2) 定数 a の値を求めよ。

(3) ②のグラフ上の点で，x 座標と y 座標がともに自然数となる点は
全部で何個あるか答えよ。

(4) 点 A から x 軸，y 軸にひいた垂線が x 軸，y 軸と交わる点をそれぞれ B，C とし，①のグラフ上
に点 P，y 軸上に y 座標が 8 である点 Q をとる。三角形 OPQ の面積が四角形 OBAC の面積と等し
くなるとき，点 P の x 座標をすべて求めよ。

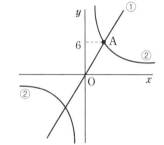

121 右の図において，①は関数 $y = x$ のグラフであり，②は関数

$y = \dfrac{m}{x}$ $(x>0)$ のグラフである。①上に 2 点 B，D，②上に 2 点 A，C
をとり，辺 AD と BC は x 軸に平行で，辺 AB と DC は y 軸に平行で
ある正方形 ABCD をつくる。また，辺 AB の延長と x 軸との交点を
E，辺 CB の延長と y 軸との交点を F とする。①と②の交点の x 座標
が 2 のとき，次の問いに答えなさい。 （東京・明治大付明治高改）

(1) m の値を求めよ。

難 (2) 点 B の x 座標を t $(t>0)$ とする。正方形 ABCD と正方形 OEBF の面積が等しくなるとき，t^2 の
値を求めよ。

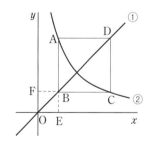

⎧解答の方針⎫

120 (4) P $(t,\ 2t)$ とおくと，△OPQ $= \dfrac{1}{2} \times$ OQ $\times |t|$ であることから t についての方程式を立てる。

122 右の図のかげの部分は，半径 OA，中心角 90° のおうぎ形
OAB から，OA を直径とする半円を除いたものである。

OA $=x$，かげの部分の周の長さを y とする。y は x に比例するかど
うか答えなさい。比例する場合は比例定数も求めなさい。

（京都・立命館高）

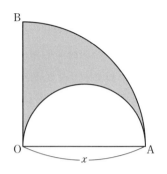

123 右の図で，直線 ℓ は関数 $y = ax$ のグラフ，曲線 m は関数

$y = \dfrac{b}{x}$ のグラフである。2 点 A，B は直線 ℓ と曲線 m との交点であり，

A の座標は $(5,\ 2)$，B の座標は $(-5,\ -2)$ である。また，点 C は y
軸上にあり，その座標は $(0,\ 7)$ である。

原点を O として，問いに答えなさい。　（奈良県 改）

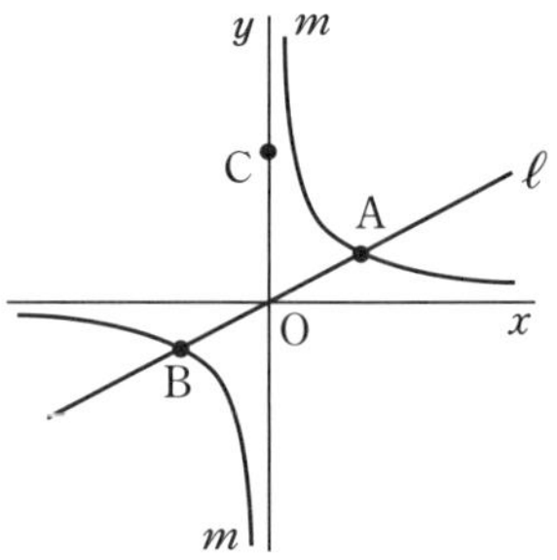

(1) a，b の値をそれぞれ求めよ。

(2) △OAC を，辺 OC を軸として 1 回転させてできる立体の体積を
求めよ。ただし，円周率は π とする。

(3) y 軸上に 2 点 P，Q を，四角形 APBQ が平行四辺形となるようにとる。平行四辺形 APBQ の面
積と △OAC の面積が等しくなるとき，点 P の y 座標を求めよ。ただし，点 P の y 座標は正の数と
する。

難 **124** k を正の数とする。図のように，反比例 $y = \dfrac{k}{x}$ のグラフと 7

点 A，B，C，D，P，Q，R がある。長方形 OARD と長方形 DRPB
の面積比が 3：1，OA：OD $=5$：7 となった。

OA：AC，RP：RQ を求めなさい。ただし，四角形 OCQD は長方形
である。

（奈良・西大和学園高）

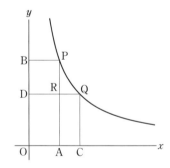

解答の方針

124 比とは「最も簡単な整数」で表すことである。これは，OA と OD の具体的な長さはわからなくても，

　　OA：OD $=5$：7 という式は，OA：OD $= (5 \times 2)$：$(7 \times 2) = \left(5 \times \dfrac{5}{3}\right)$：$\left(7 \times \dfrac{5}{3}\right) = \cdots$ といったように，同じ

　　数さえかけてあれば成り立つことを表す。この同じ数を文字で置き換えれば，一般的な説明をすること
　　になる。

125 右の図のように，座標平面上に直線 $y = \dfrac{1}{2}x$ と $y = 2x$ がある。

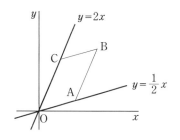

点 A の x 座標は 3 で，$y = \dfrac{1}{2}x$ 上にある。また，点 C の x 座標は 2 で，$y = 2x$ 上にある。

四角形 OABC が平行四辺形になるとき，次の問いに答えなさい。

(千葉・市川高)

(1) 点 B の座標を求めよ。

(2) 平行四辺形 OABC の面積を求めよ。

(難)(3) △OCD と平行四辺形 OABC の面積が等しくなるように，直線 $y = \dfrac{1}{2}x$ 上に点 D をとる。このような点 D の座標をすべて求めよ。

126 右の図のように，直線 $y = 3x$ と，$x > 0$ を変域とする双曲線 $y = \dfrac{12}{x}$ があり，点 $(2, 6)$ で交わっている。

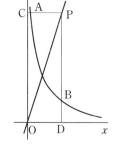

直線 $y = 3x$ 上に点 P をとる。点 P から x 軸，y 軸に平行な直線をひき，双曲線との交点をそれぞれ A，B とし，y 軸，x 軸との交点をそれぞれ C，D とする。点 A の座標を (a, b) とおくとき，次の問いに答えなさい。

(国立工業・商船・電波高専)

(1) $a = \dfrac{2}{3}$ のとき，点 B の座標を求めよ。

(2) 点 P の x 座標が 2 より大きいときの AC と BD の比を次のように求めた。
$\boxed{ア} \sim \boxed{オ}$ にあてはまるものを下の語群から選べ。

(a, b) は双曲線 $y = \dfrac{12}{x}$ 上の点であるから，

$ab = \boxed{ア}$ …①

また，点 P は直線 $y = 3x$ 上にあるから，
点 P の x 座標は $\boxed{イ}$ である。

したがって，点 B の x 座標も $\boxed{イ}$ である。

ここで，点 B の y 座標を c とおくと，$\boxed{イ} \times c = \boxed{ア}$ …②

①，②から，$\boxed{イ} \times c = ab$

よって，$c = \boxed{ウ}$

以上より　AC : BD $= a : \boxed{ウ}$

よって，最も簡単な整数の比は，AC : BD $= \boxed{エ} : \boxed{オ}$

〔語群〕

1,	2,	3,	4,	6,	12,
a,	$2a$,	$3a$,	$4a$,	$6a$,	$12a$,
b,	$\dfrac{b}{2}$,	$\dfrac{b}{3}$,	$\dfrac{b}{4}$,	$\dfrac{b}{6}$,	$\dfrac{b}{12}$

5 平面図形

（解答）別冊 p.37

標 準 問 題

重要 127 〔直線・線分・半直線・2点間の距離・点と直線の距離・2直線間の距離・角〕

次の □ に適する数やことばや記号を入れなさい。

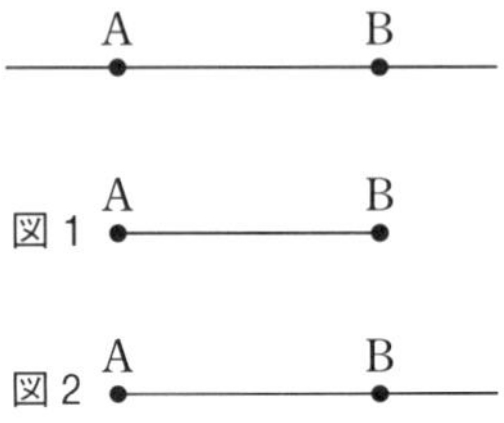

(1) 異なる2点A，Bを通る直線ABがある。このとき，右の図1
のように点Aから点Bまでの部分を ① AB といい，図2のよ
うに，点Aから点Bの方向に限りなくのびた部分を ② AB と
いう。

(2) 右の図のように，線分ABの長さを2等分する点をMとする。
このとき，点Mを線分ABの ③ という。
AM＝BM＝ ④ AB， AB＝ ⑤ AM

(3) 線分ABの長さを，2点A，B間の ⑥ という。
直線AB上にない点Cからこの直線に ⑦ をひき，直線ABとの交点をHとするとき，線
分CHの長さを，点Cと直線ABとの ⑧ という。 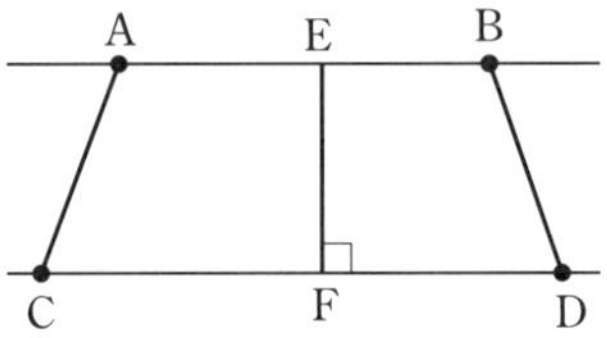
また，右の図において，直線ABとCDが平行であるとき，
AB ⑨ CD と表し，「AB平行CD」と読む。このとき，2直
線AB，CD間の距離は，線分 ⑩ の長さである。

(4) 右の図で，2点A，Bを結ぶ線⑦〜エのうち，最も短いのは，
⑪ である。

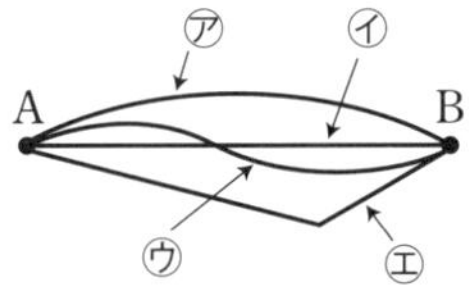

(5) 右の図のような，半直線BA，BCによってできる角を
⑫ ABC と表し，「角ABC」と読む。

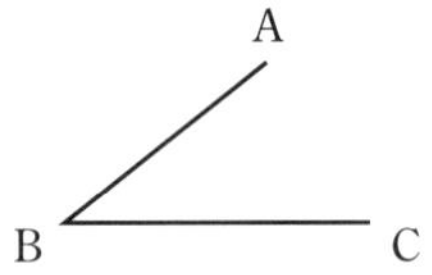

ガイド (1)直線ABのうち，点Aから点Bまでの部分（点A，点Bもふくめる）を線分ABといい，直線
ABを点Aによって2つの部分に分けたとき，点Bをふくむ部分（Aもふくめる）を半直線AB
という。すなわち，線分AB，半直線ABは，直線ABの一部分である。

(3)直線AB上のどの点をとっても，その点と直線CDとの距離は等しくなる。このときの距離を，
2直線AB，CD間の距離という。

(4)2点A，Bを結ぶ線のうち，最も短いものは線分ABである。線分ABの長さを，2点A，B間
の距離という。

(5)点Bを共有する2つの半直線BA，BCによってつくられる図形を角ABC
といい，記号「∠」を用いて∠ABCとかく。∠Bや∠bと表すこともある。

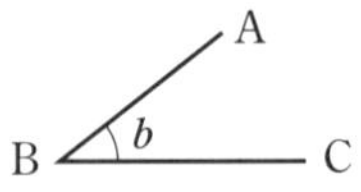

重要 128 ▷ [2直線の位置関係]

次の問いに答えなさい。

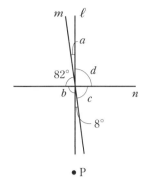

(1) 右の図のように，3つの直線 ℓ, m, n が1つの点で交わっている。このとき，次の問いに答えよ。

① $\angle a$, $\angle b$, $\angle c$, $\angle d$ の角の大きさを求めよ。

② 直線 ℓ の垂線はどれか答えよ。

(2) 直線 ℓ と，その直線上にない1点がある。点 P を通る直線 m を考えるとき，次の各文の □ に適当なことばや数，記号を書け。

① 直線 ℓ と交わらない直線 m は ⑦ 本あり，このとき，2直線 ℓ と m は ⑦ であるといい，ℓ ⑦ m と表す。

　さらに，直線 ℓ 上のどの点をとっても，その点と直線 m との距離は等しく，この距離を2直線 ℓ と m の ⑦ という。

② 直線 ℓ と直線 m が交わるとき，その交点を Q とする。$\angle Q$ が直角のとき，2直線は ⑦ であるといい，ℓ ⑦ m と表す。このとき，直線 m を直線 ℓ の ⑦ という。さらに，線分 PQ の長さを，点 P と直線 ℓ の ⑦ という。

> **ガイド** 2直線の位置関係は，次の3つがある。
> ① 平行(交わらない)　② 交わる(交点が1つ)　③ 重なる(一致する)
> 2直線が交わってできる4つの角のうち，向かい合う2組の角(対頂角)はそれぞれ等しい。

重要 129 ▷ [図形の移動]

次の □ に適することばを入れなさい。

　図形を，その形と大きさを変えずにほかの位置に動かすことを ⑴ という。

　図形を，一定の方向に一定の距離だけずらすことを ⑵ という。⑵ において，対応する2点を結ぶ線分はどれも ⑶ で，長さが ⑷ 。

　図形を，ある点 O を中心にして一定の角度だけ回すことを ⑸ といい，点 O を ⑹ という。⑸ において，⑹ と対応する2点をそれぞれ結んでできる角はすべて ⑺ 。また ⑹ は対応する2点から等しい距離にある。180°の ⑸ を，⑻ という。

　図形を，ある直線 ℓ を折り目として折り返すことを直線 ℓ を ⑼ とする ⑽ といい，この直線 ℓ を ⑾ という。⑽ において，対応する2点を結ぶ線分は，⑾ によって ⑿ される。

　⑵，⑸，⑽ では，移動前と移動後の2つの図形は ⒀ である。

130 〉[平行移動]

右の図の △ABC を，矢印 PQ の方向に線分 PQ の長さだけ平行移動させた △A′B′C′ をかきなさい。

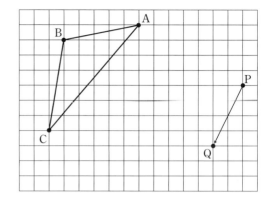

131 〉[対称移動]

右の図の △ABC を，直線 ℓ を軸として対称移動させた △A′B′C′ をかきなさい。

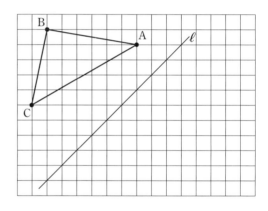

132 〉[回転移動]

右の図の △ABC を，点 O を回転の中心として，反時計回りに 90° 回転移動させた △A′B′C′ をかきなさい。

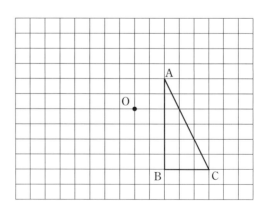

重要 133 [中心角と弧・弦の長さの関係を考える]

次の □ に適するものを入れなさい。

(1) 円 O の円上に，∠AOB＝∠COD となるように，4 点 A，
B，C，D をとる。おうぎ形 OAB を，点 O を中心として回
転し，半径 OB を，おうぎ形 OCD の半径 OD と重ねると，
∠AOB＝∠COD だから，半径 OA も半径 OC に重なる。

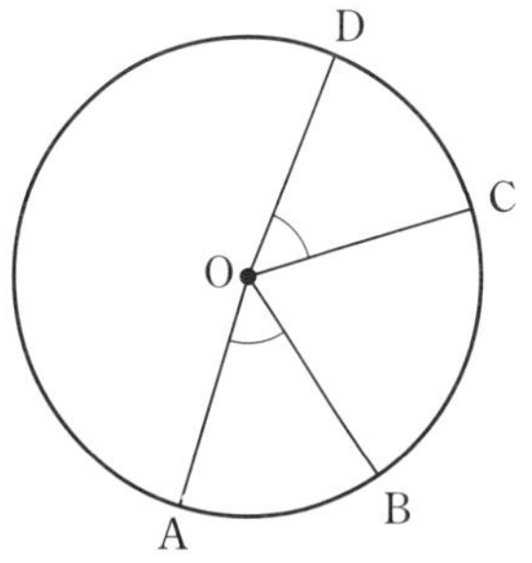

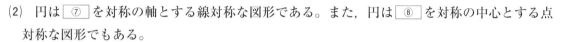

　　したがって，⌒①⌒ ＝ ⌒②⌒，弦 ③ ＝ 弦 ④ となる。

　　このことにより，次のことがいえる。

　「1 つの円で，等しい ⑤ に対する弧の長さは等しく，弦の

　長さも ⑥ 。」

(2) 円は ⑦ を対称の軸とする線対称な図形である。また，円は ⑧ を対称の中心とする点
対称な図形でもある。

　　円の弦のうちで，最も長いものは，その ⑨ である。また，円の ⑦ は円の対称の軸で
あり，どんな ⑦ も ⑩ を通る。

(3) 円の接線は，接点を通る半径に ⑪ である。

(4) おうぎ形は ⑫ な図形である。1 つの円からできるおうぎ形の弧の長さと面積は，それ
ぞれ ⑬ の大きさに比例する。

> **ガイド** 円周の一部を弧という。また，円周上の 2 点を結ぶ線分を弦という。円周上の 2 点と中心とを結ぶ
> 2 つの半径のつくる角を中心角，弧や弦をそれぞれその中心角に対する弧，弦という。

134 [円の接線と半径]

右の図のように，円 O が 2 直線とそれぞれ点 A，B で接している。
このとき，∠x，∠y の大きさを求めなさい。

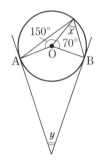

> **ガイド** 円の接線は，接点を通る半径に垂直である。また，おうぎ形の 2 本の半径とその弦を結んでできる
> 三角形は，二等辺三角形である。

135 [円の接線に関する作図]

次の問いに答えなさい。ただし，作図に用いた線は消さないでおくこと。

(1) 右の図で，円周上の点Pを通る接線を，定規とコンパスを用いて作図せよ。

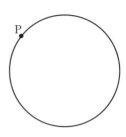

(2) 右の図で，点Pを通り，直線 ℓ 上の点Qで直線 ℓ に接する円を，定規とコンパスを用いて作図せよ。

(3) 右の図のように，∠AOBがある。辺OBに点Cで接し，辺OAに接する円の中心Pをコンパスと定規を使って作図せよ。

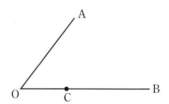

(4) 右の図で，点Oを中心とし，直線 ℓ に接する円を，定規とコンパスを使って作図せよ。

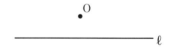

> **ガイド** (1)点Pにおける円Oの接線は半径OPと垂直であることを利用する。

136 [円の接線・円の中心角に関する問題]

次の問いに答えなさい。

(1) 右の図において，2点A，Bは円Oの周上の点であり，点Cは点Aにおける円Oの接線と線分BOの延長との交点である。

∠ACB＝24°のとき，∠ABCの大きさを求めよ。

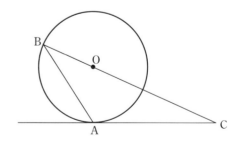

(2) 右の図のように，直線 PQ は点 B における円 O の接線である。

　AD＝DC，∠ABP＝54°，∠CBQ＝26°のとき，∠BAD の大きさを求めよ。

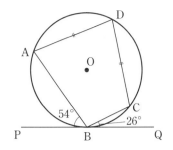

137 [おうぎ形の弧の長さと面積]

次の問いに答えなさい。

(1) 直径 3 cm の同一の硬貨 10 枚を，右の図のようにすきまなく並べ，これらの周囲を 1 回りひもで結んだ。このひもの長さを求めよ。ただし，ひもの太さは無視してよい。

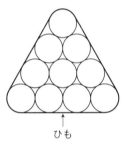

ひも

(2) 右の図のように，半径 2 cm の円 O の周上の A，B，C，D，E，F を頂点とする正六角形がある。かげの部分の面積の和を求めよ。

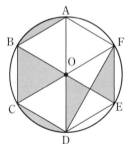

(3) 半径 2 の円と半径 a の円 6 個が右の図のように接している。
　① a の値を求めよ。
　② 太線部分の長さを求めよ。

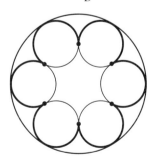

138 [おうぎ形の面積と中心角]

右の図のように，半径 6 cm，中心角 60°のおうぎ形 OAB と，
線分 OA，OB を直径とする半円をかく。

　このとき，図のかげの部分の面積を求めなさい。

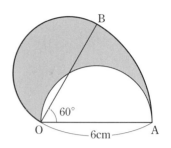

> **ガイド** 同じ半円2つに注目する。

139 [いろいろな作図]

コンパスと定規を用いて作図しなさい。ただし，作図に使った線は消さないでおくこと。

(1) 右の図のように，直線ℓと2点A，Bがある。2点A，
　　Bを通り，中心が直線ℓ上にある円の中心 O を作図せよ。

(2) 右の図のように，円があり，円の周上に点 A がある。
　　線分 AB がこの円の直径となる点 B をとりたい。点 B
　　を作図せよ。

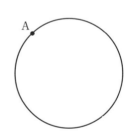

(3) 右の図のような △ABC がある。頂点 A を通り，
　　△ABC の面積を2等分する直線を作図せよ。

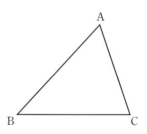

(4) 右の図のように2直線 ℓ, m と，ℓ 上の点 A がある。
中心が直線 m 上にあり，点 A で直線 ℓ に接する円について，その円の中心 O を作図せよ。

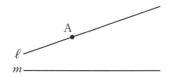

---

140 ▷[作図の応用いろいろ]

次の問いに答えなさい。ただし，作図にはコンパスと定規を用い，作図に使った線は消さないこと。

(1) 右の図で，点 P を通る直線と線分 OA，線分 OB との交点をそれぞれ点 C，点 D とするとき，OC＝OD となる二等辺三角形 OCD を作図せよ。

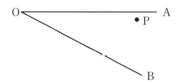

(2) 図1のような長方形 ABCD の紙があり，AB＝12 cm，BC＝18 cm である。図2のように，点 E を辺 AD 上にとり，頂点 B が点 E と重なるように紙を折り，折り目と辺 AB，辺 BC との交点をそれぞれ F，G とする。

このとき，直線 FG を右下の図に作図せよ。

図1

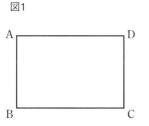

図2

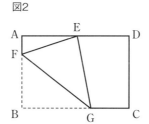

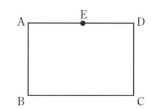

最 高 水 準 問 題

解答 別冊 p.41

141 右の図の線分 AB を B の方向に延長した直線を，定規とコンパスを用いて作図しなさい。

ただし，線分 AB 上にある 2 点を結び，延長する方法は用いないものとする。
なお，作図に用いた線は消さないでおくこと。 （東京・白鷗高）

142 右の図のような円 O と線分 AB がある。円 O の周上にあって，△PAB の面積が最大となる点 P を作図しなさい。ただし，作図に用いた線は消さずに残しておくこと。 （愛媛県）

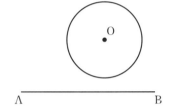

143 右の図の 3 点 A，B，C から等しい距離にある点 P を作図しなさい。ただし，作図には定規とコンパスを使い，また，作図に用いた線は消さないこと。 （栃木県）

144 次の問いに答えなさい。

(1) 右の図において，2 点 A，B はそれぞれ円 O の円周上の点である。円 O の半径が 5 cm で，$\overparen{AB}$ に対する中心角の大きさが 108° のとき，$\overparen{AB}$ の長さを求めよ。 （静岡県）

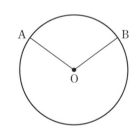

(2) 右の図で，半円 O の半径が 5 cm，弧 AB の長さが 2π cm のとき，x の値を求めよ。 （東京・桐朋高）

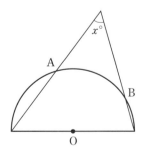

解答の方針

142 △PAB の底辺を AB とみたときの高さが 1 番高くなるような点を作図する。

145 右の図は，直線 ℓ と，直線 ℓ に対して同じ側にある異なる2
点 A，B を表している。

ただし，2点 A，B はともに直線 ℓ 上にないものとする。

右に示した図をもとにして，直線 ℓ 上にあり，AP＋BP の長さが
最も短くなる点 P を定規とコンパスを用いて作図によって求め，さ
らに，点 P と点 A，点 P と点 B をそれぞれ結んだときにできる ∠APB の二等分線を作図しなさい。

ただし，作図に用いた線は消さないでおくこと。 （東京・立川高）

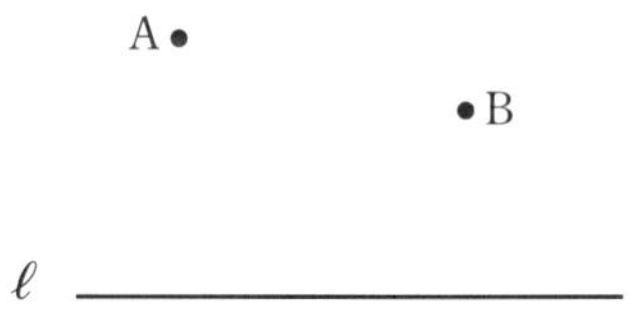

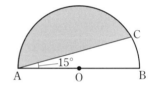

146 右の図のように，線分 AB を直径とする半円 O の周上に点 C が
あり，∠CAB＝15°，AB＝8 とする。

このとき，弧 AC の長さ ℓ を求めなさい。 （埼玉・早稲田大本庄高 改）

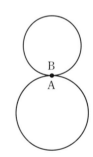

難 147 半径5の大円と半径4の小円が右の図のように点 A で接している。点 A
の位置にある小円上の点を B とする。小円が大円に接しながらすべらずに転がり，
小円上の点 B が再び点 A の位置にくるのは，大円の周りを何周したときか答えな
さい。 （大阪・近畿大附高）

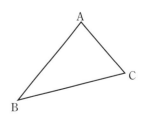

148 右の図の △ABC の内部を通る2本の直線をひく。この2本の直線
によって △ABC を切り分け，分けられた部分を並べかえることにより，
△ABC と面積が等しい長方形をつくりたい。

この2本の直線を作図しなさい。

ただし，三角定規の角を利用して直線をひくことはしないものとする。
また，作図に用いた線は消さずに残しておく。 （千葉県）

149 次の問いに答えなさい。ただし，作図には定規とコンパスのみ
用い，作図に使った線は残しておくこと。

(1) 右の図のように，∠ABC＝30°，∠BAC＝78°の △ABC がある。線
　分 BC 上に点 P をとり，∠APB＝111°となるようにする。線分 AP を
　作図し，点を示す記号 P をかき入れよ。　　　　　　　　（北海道）

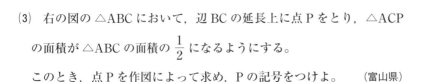

(2) 右の図の △ABC において，辺 BC 上に点 P をとり，
　∠APC＝2∠ABC となるような線分 AP を作図せよ。　　（群馬県）

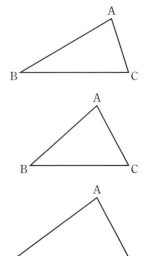

(3) 右の図の △ABC において，辺 BC の延長上に点 P をとり，△ACP
　の面積が △ABC の面積の $\dfrac{1}{2}$ になるようにする。

　このとき，点 P を作図によって求め，P の記号をつけよ。　（富山県）

150 右の図1で，五角形 ABCDE は正五角形である。

　右下の図2は，図1で示した正五角形 ABCDE の辺 AB，辺 BC だけ
を示したものである。

　図2に示した図をもとにして，正五角形 ABCDE の辺 CD を作図し
なさい。　　　　　　　　　　　　　　　　　　（東京・青山学院高等部）

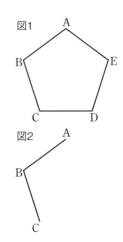

解答の方針

150 正五角形は線対称な図形である。

151 次の問いに答えなさい。

(1) 右の図のように，1辺の長さが2の正方形 ABCD の辺 AD 上に点 P をとり，線分 BP と，頂点 B を中心とする円弧 $\overset{\frown}{AC}$ との交点を Q とする。

このとき，おうぎ形 ABQ と図形 PQCD の面積が等しくなるような線分 AP の長さを求めよ。 (東京・巣鴨高)

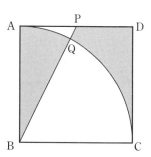

(2) 右の図のように，半径1の円 O が点 P で直線 ℓ に接している。

$OQ /\!/ \ell$ とし，ℓ 上に点 R をとって2点 Q，R を線分で結ぶとき，かげの部分のおうぎ形の面積が $\frac{7}{12}\pi$ になる。このとき，$\angle x$ の大きさを求めよ。

(国立工業・商船・電波高専)

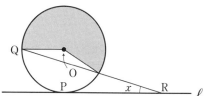

難 (3) 半径 6 cm の4つの円が，右の図のように他の2つの円の中心を通るように重なり合っている。2つまたは3つの円が重なり合っている部分の面積を求めよ。 (埼玉・立教新座高)

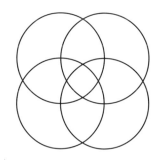

152 右の図のように，1辺が6の正方形 ABCD があり，辺 BC を3等分する点を P，Q とし，辺 AD を3等分する点を R，S とする。線分 PR 上に点 X を，線分 QS 上に点 Y をとり，図形 AXYCB の面積が23となるようにする。このとき，次の問いに答えなさい。 (京都・洛南高)

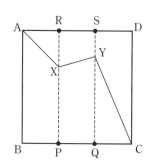

(1) PX = 3 のとき，QY の長さを求めよ。

(2) X，Y，C が一直線上にあるとき，PX の長さを求めよ。

(3) 点 X の動きうる範囲の長さを求めよ。

難 (4) 線分 XY の動きうる範囲の面積を求めよ。

解答の方針

152 (4)は，(1)〜(3)の結果を利用する。

153 次の問いに答えなさい。

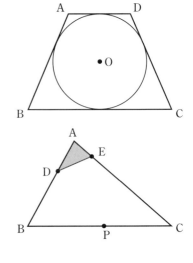

(1) 右の図のように AD = 3，BC = 7，AD∥BC，AB = DC であ
るような台形 ABCD が円 O に接している。このとき，∠AOB
の大きさと，AB の長さを求めよ。　　　　　（神奈川・桐蔭学園高）

(2) 右の図のように，三角形の紙があり，3 つの頂点をそれぞれ
A，B，C とする。

　点 D，点 E はそれぞれ辺 AB 上，辺 AC 上の点である。

　点 D と点 E を結んでできる △ADE にはかげがついている。

　この三角形の紙を，頂点 A が辺 BC 上の点 P に重なるよう
に 1 回だけ折り曲げるとき，点 E が移る点 Q を，定規とコン
パスを用いて図に作図せよ。

　また，かげのついた △ADE が移る部分を作図し，かげをつけて示せ。

　ただし，作図に用いた線は消さないでおくこと。　　　　　（東京・武蔵高）

154 次の問いに答えなさい。作図は定規とコンパスのみを用い，作図に使った線は残しておくこ
と。

(1) 右の図のように，線分 AB がある。AB = BC，∠ABC = 45°となる
　△ABC を 1 つ作図せよ。　　　　　　　　　　　　（大分県）

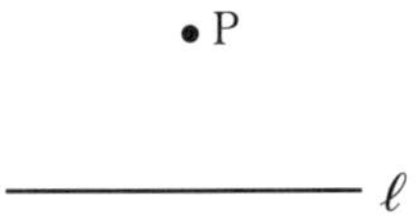

(2) 点 P を通り直線 ℓ に平行な直線を作図せよ。　　　　（沖縄県）

(3) 右の図で，△ABC と面積が等しく，線分 BC を底辺とする二等辺
　三角形 PBC を 1 つ，作図せよ。　　　　　　　（東京・国分寺高）

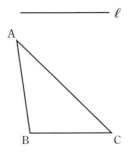

155 次の問いに答えなさい。

(1) 右の図のような △ABC において，AD：DB＝3：1，
AE：EC＝5：7，DF：FE＝1：3であるとき，△ABC と △EFC
の面積の比をできるだけ簡単な整数の比で表せ。

（埼玉・立教新座高）

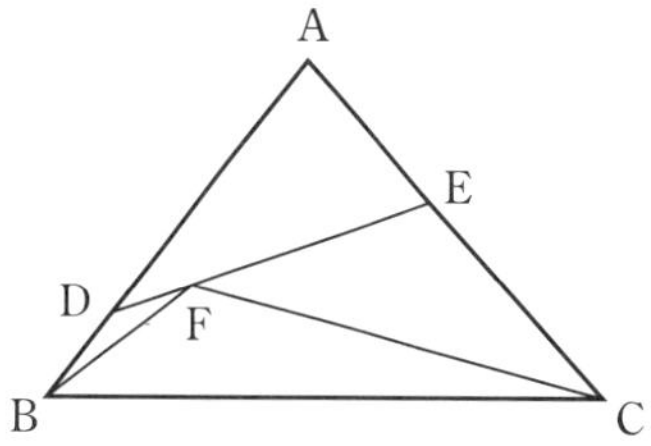

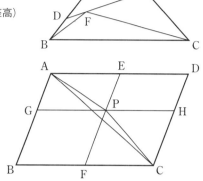

(2) 右の図のような平行四辺形 ABCD があり，辺 AD の中
点を E とし，辺 BC の中点を F とする。

また，辺 AB 上に点 G を AG：GB＝2：3となるように
とり，辺 DC 上に点 H を，DH：HC＝2：3となるように
とる。

さらに，線分 EF と線分 GH との交点を P とする。

このとき，平行四辺形 ABCD の面積は三角形 ACP の面積の何倍となるか求めよ。

（神奈川・柏陽高）

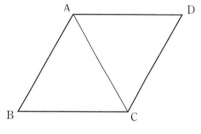

156 右の図において，四角形 ABCD は ∠ABC＝60°のひ
し形である。

頂点 A と頂点 C を結ぶ。

右の図をもとにして，対角線 AC 上にあって ∠PBC＝15°
を満たす点 P を，定規とコンパスを用いて作図によって求
めなさい。

ただし，作図に用いた線は消さないでおくこと。

（東京・西高）

難 **157** 右の図1のように，線分 AB を直径とする半円 O があり，点 C
は線分 AB 上にある。

図2は，図1に示した半円 O を，折り返した弧と線分 AB が点 C で
接するように1回だけ折り，できた折り目を線分 PQ としたものである。

図1に示した図をもとにして，線分 PQ を，定規とコンパスを用いて
作図しなさい。

ただし，作図に用いた線は消さないでおくこと。　　　（東京・立川高）

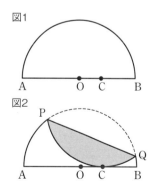

解答の方針

157 まずは，折り返した弧の中心 O′をかく。点 C を通り線分 AB に垂直な直線上の点で点 C との距離が OA
と等しい点をかけばよい。

158 右の図のように，点 O を中心とする円の周上に点 A があり，円の外部に点 B がある。A を接点とする円 O の接線上にあって，2 つの線分 OP，PB の長さの和が最小となる点 P を，定規とコンパスを使って作図しなさい。なお，作図に用いた線は消さずに残しておくこと。 （熊本県）

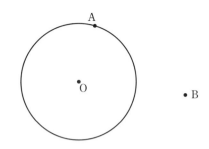

159 図のように，円周上に 4 点 A，B，C，D がある。円の中心を作図によって求めるとき，どの点が円の中心となるか，次の㋐〜㋓から 1 つ選んで，その符号を書きなさい。 （兵庫県）

㋐ 弦 AC の中点

㋑ 弦 AC と弦 BD の交点

㋒ 弦 BC の垂直二等分線と弦 CD の垂直二等分線の交点

㋓ ∠ABC の二等分線と ∠BCD の二等分線の交点

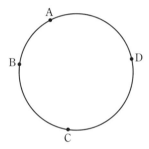

160 右の図の △ABC において，次の ▢ の中に示した条件①と条件②の両方にあてはまる点 P を作図しなさい。

条件①　点 P は，2 辺 BA，BC から等しい距離にある。
条件②　∠CBP = ∠BCP である。

ただし，作図には定規とコンパスを使用し，作図に用いた線は残しておくこと。 （静岡県）

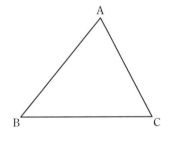

161 右の図のように，2直線 ℓ，m があり，直線 ℓ 上に点 A がある。中心が直線 m 上にあって，点 A で直線 ℓ に接する円を右の図に作図しなさい。ただし，作図に用いた線は消さずに残しておくこと。　　　　　　　　　　　　　（愛媛県）

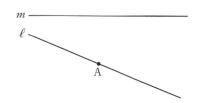

162 周の長さが 10 cm の円の面積を求めなさい。　　　　　　　　（神奈川・慶應高）

163 右の図で，点 C は線分 AB を直径とする半円 O の弧 AB 上の点であり，AB⊥OC とする。

　弧 AC 上に，点 A，点 C のいずれにも一致しない点 P をとり，点 P を接点とする半円の接線が直線 AB と交わる点を Q とする。

　右の図をもとにして，∠PQO ＝ 22.5° となる点 P を，定規とコンパスを用いて作図によって求め，点 P の位置を示す文字 P も書きなさい。

　ただし，作図に用いた線は残しておくこと。　　（東京・国立高）

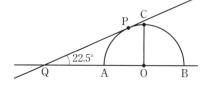

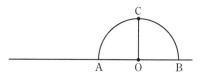

解答の方針

163　∠COP の角度が何度になればいいかを考える。

6 空間図形

標 準 問 題 ——————————————————————————————— 解答 別冊 p.46

164 ［正多面体］

正四面体を2つくっつけてできた立体は，正多面体とはならない。そのわけを説明しなさい。

> **ガイド** 正多面体とは，へこみのない次の2つをみたす多面体のことをいう。
> ① すべての面が合同な正多角形　　② どの頂点にも同じ数の面が集まっている

165 ［平面の決定条件］

次の直線や点をふくむ平面の個数を述べなさい。

(1) 交わる2直線

(2) 平行な2直線

(3) 1直線とその上にない点

(4) 1直線上にない3点

(5) ねじれの位置にある2直線

(6) 1直線

(7) どの3点も1直線上になく，どの1点も他の3点の乗っている平面上にない4点

(8) 円柱の3母線

166 ［空間内の2直線の位置関係①］

空間内にある3つの直線 ℓ, m, n について，次のうちから，常に成り立つものを選びなさい。

㋐ $\ell /\!/ m$, $m /\!/ n$ ならば $\ell /\!/ n$

㋑ $\ell /\!/ m$, $m \perp n$ ならば $\ell \perp n$

㋒ $\ell \perp m$, $m \perp n$ ならば $\ell /\!/ n$

> **ガイド** 直線 ℓ と直線 m の位置関係　　(ⅰ) 交わる　　　　（同一平面上にある）
> (ⅱ) 平行　　　　（同一平面上にある，交わらない）
> (ⅲ) ねじれの位置（同一平面上にない，交わらない）

167 〉[直線と平面の位置関係]

次の ☐ にあてはまることばや記号を書きなさい。

⑴ 直線 ℓ が平面 P と点 O で交わり，直線 ℓ が点 O を通る平面 P 上のどの直線とも垂直であるとき，直線 ℓ と平面 P は ① であるといい，ℓ ② P とかく。また，直線 ℓ を平面 P の ③ という。

⑵ 交わる ④ つの直線は，1つの平面を決定するから，直線 ℓ が平面 P と点 O で交わり，点 O を通る平面 P 上の ④ つの直線がいずれも ⑤ と垂直になっていれば，ℓ ⑥ P である。

> **ガイド** 直線 ℓ と平面 P の位置関係
> （ⅰ）交わらない（ℓ と P は平行）　　（ⅱ）交わる（交わりは点）　　（ⅲ）ふくまれる（ℓ は P 上にある）

168 〉[平面と平面の位置関係]

次の ☐ にあてはまることばや記号を書きなさい。

⑴ 2つの平面 P と Q が交わるとき，その交わりは，1つの ① である。これを ℓ とする。

平面 P と垂直な直線 n を平面 Q が ② とき，平面 P と Q は ③ であるといい，P ④ Q と書く。

また，ℓ 上の点 O を通り，平面 P 上に ℓ と垂直な直線 m と，平面 Q 上に ℓ と垂直な直線 n をひくとき，m ⑤ n であるときも，P と Q は ③ であるといえる。

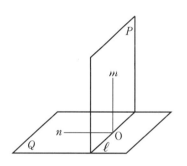

⑵ 2平面 P と Q が交わらないとき，P と Q は ⑥ であるといい，P ⑦ Q とかく。

> **ガイド** 平面 P と平面 Q の位置関係　（ⅰ）交わる　　　（ⅱ）交わらない（P と Q は平行）
> 2つの平面が交わるときにできる直線を交線という。

重要 169 〉[空間内の直線や平面の位置関係を考える]

空間内の平面や直線について述べた文として，正しいものを選びなさい。

⑦　1つの平面に平行な2つの直線は平行である。

⑦　1つの平面に垂直な2つの平面は平行である。

⑦　1つの平面に垂直な2つの直線は平行である。

⑦　1つの直線に平行な2つの直線は平行である。

⑦　1つの直線に平行な2つの平面は平行である。

⑦　1つの直線に垂直な2つの平面は平行である。

⑦　1つの直線に垂直な2つの直線は平行である。

⑦　平行な2平面にそれぞれふくまれる2直線は平行である。

> **ガイド** 平面の平行：交わらない2平面は平行　　　直線の平行：同一平面上の交わらない2直線は平行

170 [点と平面の距離，2平面間の距離]

次の□□□にあてはまることばを書きなさい。

平面 P 上にない点 A から，平面 P へひいた垂線が平面 P と点 H で交わるとき，線分 AH は，点 A と平面 P 上の点を結ぶ線分の中でも最も □(1)□。この垂線 AH の長さを点 A と平面 P との距離という。

角錐や円錐において，□(2)□と□(3)□との距離を，角錐や円錐の高さという。

平行な2平面 P，Q において，P 上のどこに点 A をとっても，点 A と平面 Q との距離は □(4)□ である。このときの距離を，2平面 P，Q 間の距離という。

角柱や円柱において，2つの□(5)□は平行である。この□(5)□間の距離を角柱や円柱の高さという。

171 [回転体]

右の図で，(1)は長方形，(2)は半円，(3)は直角三角形である。それぞれの図形を直線 ℓ を軸として1回転してできる立体の名前を答えなさい。

(1)
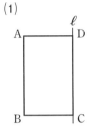

(2)
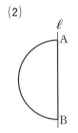

(3)
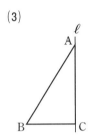

172 [投影図]

次の問いに答えなさい。

(1) 次の立体の投影図をかけ。

① 円錐
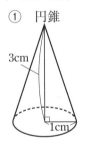

② 球
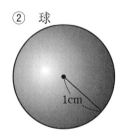

③ 円柱
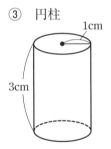

(2) 次の投影図はどんな立体を表しているか答えよ。

①
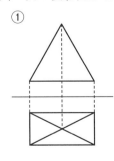

②
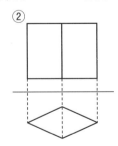

③
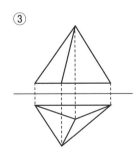

ガイド　立体を，正面から見た図を立面図，真上から見た図を平面図といい，これを合わせて投影図という。

173 ［立方体の展開図］

右の図は，立方体の展開図である。この展開図を組み立ててできる立方体について，次の問いに答えなさい。

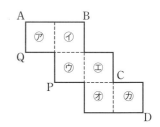

(1) 次の①〜④のうち，最も長いものはどれか。その番号を書け。

① 線分 AP　　② 線分 BP　　③ 線分 CP　　④ 線分 DP

(2) 面㋑と平行な面はどれか。図の中の記号で答えよ。

(3) 辺 AQ に平行な面はどれか。図の中の記号で答えよ。

174 ［空間内の2直線の位置関係②］

次の問いに答えなさい。

(1) 右の図のように，AB∥DC の台形 ABCD を底面とする四角柱がある。このとき，辺 AB と次の関係にある辺をすべて書け。

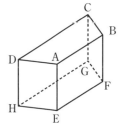

① 平行な辺

② 垂直に交わる辺

③ ねじれの位置にある辺

(2) 右の図は，AC＝8 cm，AD＝10 cm，BC＝CD＝6 cm，∠ACB＝∠ACD＝∠BCD＝90°の三角錐 ABCD である。

このとき，次の問いに答えよ。

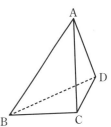

① 辺 AC とねじれの位置にある辺をあげよ。

② 辺 AC，AD の中点をそれぞれ M，N とするとき，四角錐 BCDNM の体積は何cm³か答えよ。

ガイド (1)辺 AE とねじれの位置にあるのは，辺 BC，CD，FG，GH

　　　辺 AD とねじれの位置にあるのは，辺 BF，CG，FG，GH，FE

　　　空間にある2直線が，平行でなく，交わらないとき，ねじれの位置にあるという。

　　　ねじれの位置にある2直線は，同一平面上にないことに注意する。

重要 175 〉[円錐の展開図]

次の問いに答えなさい。

(1) 右の円錐の展開図で，底面の円 O の半径を求めよ。

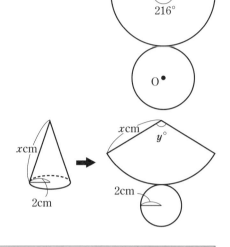

(2) 底面の円の半径が 2 cm，母線の長さが x cm
$(x>2)$ の円錐について，側面の展開図のおうぎ形
の中心角を $y°$ とする。y を x の式で表せ。

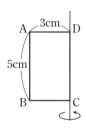

ガイド （側面のおうぎ形の弧の長さ）＝（底面の円周の長さ）

176 〉[回転体の体積]

次の問いに答えなさい。ただし，円周率は π とする。

(1) 右の図の直角三角形を，
直線 ℓ を軸として 1 回転
させてできる立体の体積
を求めよ。

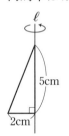

(2) 右の図の長方形
ABCD を，辺 CD
を軸として回転さ
せてできる立体の
体積を求めよ。

(3) 右の図のような台形
ABCD がある。辺 AD
を軸として，この台形を
1 回転させてできる立体
の体積を求めよ。

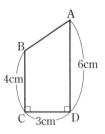

ガイド 角柱・円柱の表面積……（底面積）×2＋（側面積）

体積……（底面積）×（高さ）

角錐・円錐の体積………$\dfrac{1}{3}$×（底面積）×（高さ）

177 〉**[多面体の面の中心を頂点とする多面体]**

右の図のように，1辺が4cmの立方体と，この立方体の
各面の対角線の交点を結んでできる立体Kがある。立体
Kは，2つの正四角錐の底面をぴったり合わせた立体と
みることもできる。

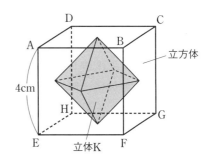

このとき，次の問いに答えなさい。

(1) 正四角錐の底面の形として，最も適当なものを次の
   ⑦〜⊆から1つ選び，その記号を書け。

   ⑦ 正方形   ⑦ 長方形   ⑦ ひし形   ⊆ 平行四辺形

(2) 立体Kの名称を書け。

(3) 立体Kの体積を求めよ。

(4) この立方体の8つの頂点から点Aをふくむ4つの点を選び，それらを結んで立体をつく
   る。

   できた立体のすべての面が合同な正三角形になるとき，点A以外の3つの点をすべて書
   け。

重要 178 〉**[円錐①]**

次の問いに答えなさい。

(1) 右の図は，底面の半径が3cm，母線の長さが10cmの円錐である。
   この円錐の表面積を求めよ。

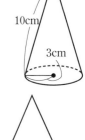

(2) 右の図のような，底面の半径が3cm，体積が18π cm^{3}の円錐がある。
   円錐の高さを求めよ。

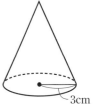

179 〉**[円錐②]**

   右の図のように，底面の中心をOとし，半径
OA＝4cmの直円錐の頂点Pを固定して，すべらない
ように平面上で転がすと，3回転して点Aがはじめて
元の位置に戻った。次の問いに答えなさい。

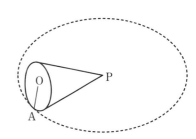

(1) 平面上で転がしたときにできる円の周の長さを求めよ。

(2) 直円錐の母線の長さを求めよ。

(3) 直円錐の側面積を求めよ。

180 **[角柱・角錐・円柱・円錐の体積]**

次の問いに答えなさい。

(1) 右の図において，円柱 A と円錐 B は高さが等しく，A の底面の半径は B の底面の半径の 2 倍である。A の体積は B の体積の何倍となるか求めよ。

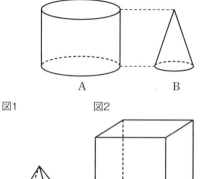

(2) 図1は，底面の 1 辺の長さと高さが等しい正四角錐である。図2は，1 辺の長さが図1の正四角錐の高さの 2 倍の立方体である。図2の立方体の体積は，図1の正四角錐の体積の何倍か求めよ。

図1　　　図2

重要 181 **[六面体内の立体の体積]**

次の問いに答えなさい。

(1) 右の図のように，1 辺の長さが a cm の立方体がある。この立方体を平面 CHF で切ってできる三角錐の体積を求めよ。

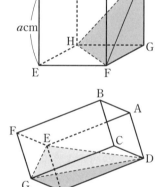

(2) AB＝BC＝7cm，BF＝18 cm の直方体の容器 ABCD－EFGH をつくった。

このとき，この容器を傾けて水を入れ，水面が △DEG になるようにした。このとき，水の体積を求めよ。

(3) 右の図のように，1 辺の長さが 6 cm の立方体 ABCD－EFGH がある。

このとき，次の①，②の問いに答えよ。

① 立方体 ABCD－EFGH の体積は，四面体 CFGH の体積の何倍か答えよ。

② 四面体 ACFH の体積を求めよ。

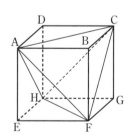

(4) 右の図のように，立方体の 1 つの面の各辺の中点と，その面に平行な面の対角線の交点を頂点とする正四角錐がある。立方体の 1 辺が 6 cm のとき，この正四角錐の体積を求めよ。

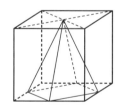

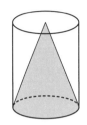

182 [立体内の体積]

円柱の容器 A と円錐の形をした鉄のおもり B がある。容器 A，おもり B は，どちらも底面の半径が 6 cm，高さが 15 cm である。右の図のように，容器 A におもり B を入れ，底面が水平な状態で水を入れていく。ただし，容器の厚みは考えないものとする。

(1) 水面の高さが，おもり B を入れた容器 A の高さの半分になったとき，水面の面積を求めよ。

(2) おもり B を入れた容器 A いっぱいにたまった水を，1 辺が 12 cm の立方体の容器 C に残らず移した。容器 C の水面の高さを求めよ。ただし，容器 C は底面が水平になるように置いてあるものとする。

183 [球の表面積と体積]

右の図は半径 6 cm の球を切り取ったものである。
このとき，表面積と体積を求めなさい。

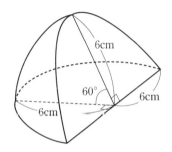

> **ガイド** 半径 r の球の表面積 $4\pi r^2$，体積 $\dfrac{4}{3}\pi r^3$

184 [正八面体]

正八面体がある。この正八面体の 6 つの頂点のうちの 1 つを選び，その頂点に集まった 4 つの面に，アルファベットの A のマーク(Ａ)を 1 つずつ，右の図1のようにかき入れた。
　この正八面体の展開図をかく。図2の展開図に残りの 3 つの A のマークを正しい向きでかき入れなさい。

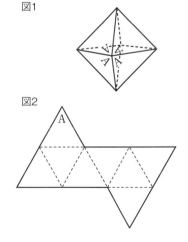

185 [多面体の面・辺・頂点の数]

正多面体の面，辺，頂点の数をそれぞれ f，e，v とする。正四面体と正六面体について，$f-e+v$ の値をそれぞれ求めなさい。

186 次の問いに答えなさい。

(1) 円錐の側面の展開図が，半径 16，中心角 135° のおうぎ形であるとき，この円錐の底面の半径を求めよ。 （神奈川・桐蔭学園高）

(2) 体積が 32π cm³ の円錐がある。この円錐の高さが 6 cm のとき，底面の円の半径を求めよ。

(3) 底面の直径が 6 cm，母線の長さが x cm の円錐の側面積を x を使った式で表せ。 （高知県）

(4) 底面の半径が 2 cm，母線の長さが 5 cm の円錐の表面積を求めよ。 （長崎・青雲高）

(5) 底面の半径が 3 cm，体積が 63π cm³ の円柱の高さを求めよ。 （栃木県）

187 右の図のような三角錐 A－BCD で，AP：PB＝1：2，AQ：QC＝2：3，AR：RD＝1：1 である。三角錐 R－BCD の体積は，三角錐 A－PQR の体積の何倍ですか。

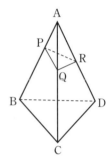

188 右の図の立方体を，平面で切ったときの切り口の図形としてできないものを⑦〜㋙の中からすべて選びなさい。

⑦ 正三角形　　㋑ 直角三角形　　㋒ 二等辺三角形
㋓ 正方形　　　㋔ 長方形　　　　㋕ 平行四辺形
㋖ ひし形　　　㋗ 台形　　　　　㋘ 五角形
㋙ 六角形

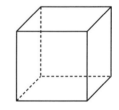

189 右の図のような 1 辺が 10 の正方形の紙がある。辺 BC，CD の中点をそれぞれ E，F として，AE，EF，AF で折り曲げて三角錐をつくる。次の問いに答えなさい。 （大阪・近畿大附高）

(1) △ECF の面積を求めよ。

(2) この三角錐の体積を求めよ。

(3) △AEF を底面としたときの高さを求めよ。

(4) この三角錐の 4 つの面に接する球の半径を求めよ。

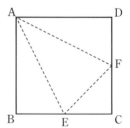

解答の方針

189 (4) 球の中心を I として，三角錐を I を頂点とする 4 つの三角錐に分けて考える。

190 各面が，1辺の長さ2の正三角形または正方形である多面体について，**図1**は展開図，**図2**は立面図と平面図を示している。

平面図の四角形 AGDH は正方形であり，その1辺の長さは $2k$（ただし，$k>1$ とする）とする。このとき，次の問いに答えなさい。ただし，**図2**の破線は立面図と平面図の頂点の対応を表し，B(F)，C(E)，G(H) は B が F に，C が E に，G が H にそれぞれ重なっていることを表す。

（神奈川・慶應高改）

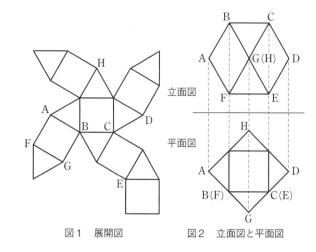

図1　展開図　　図2　立面図と平面図

(1) この多面体を，2点 A，D を通り，線分 GH に垂直な平面で切ったときの切り口の面積を求めよ。

(2) この多面体は，ある立体の各頂点から各辺の中点までを切り落としたものになっている。切り落とす前のある立体の名称を答えよ。

(3) (2)で答えた立体の体積を求めよ。

難 (4) この多面体の体積を求めよ。

191 右の図のように，AB＝5cm，BC＝3cm，CA＝4cm の直角三角形 ABC を底面とする立体 ABCDEF がある。3辺 AD，BE，CF は底面に垂直で，AD＝2cm，BE＝4cm，CF＝7cm である。この立体の体積を求めなさい。

（東京・國學院大久我山高改）

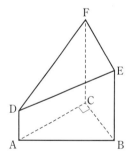

解答の方針

190「展開図」からは「正方形が6面」あること，「立面図」からは「横から見たら六角形になる立体」であること，「平面図」からは「真上から見ると正方形に見える」立体であることなどがわかる。これらを総合して，この多面体がどういった立体かを考える。

192 右の図において，△ABP の面積は $\frac{3}{2}ar$ で，AB$=a$，BO$=b$ である。

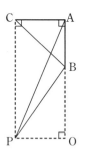

このとき，次の問いに答えなさい。 　　　　　　　（東京・日本女子大附高）

(1) △ABP を，AB を軸として 1 回転させてできる立体の体積 V_1 を求めよ。

(2) △ABC を，AB を軸として 1 回転させてできる立体の体積を V_2 とするとき，$V_1 : V_2$ を整数の比で表せ。

193 右の図において，三角形 ABC は BC$=5$ cm，∠ABC$=90°$ の直角三角形であり，点 D は辺 AB 上の点で，AD$=1$ cm である。三角形 ABC を辺 AB を軸として 1 回転させたときにできる立体の体積から，三角形 DBC を辺 DB を軸として 1 回転させたときにできる立体の体積をひいた差を求めなさい。 　　　　　　　（神奈川・湘南高）

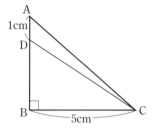

194 右の図の立体は，底面積 10 cm^2 の三角柱を平面 ABC で斜めに切ってできたものである。

AD$=3$ cm，BE$=$CF$=5$ cm であるとき，この立体の体積を求めなさい。 　　　　　　　（山梨・駿台甲府高）

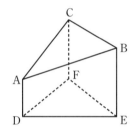

195 1 辺が 6 の立方体 ABCD$-$EFGH があり，辺 EA を A 側に延長した線上に，EA$=$PA となるように点 P をとる。このとき，3 点 P，F，H を通る平面でこの立方体を切断するとき，次の問いに答えなさい。 　　　　　　　（茨城・江戸川学園取手高）

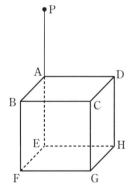

(1) 切断面の図形の名称を答えよ。

(2) 2 つに切断された立体のうち，頂点 E をふくむ立体の体積を求めよ。

196 次の立体の表面積と体積を求めなさい。

(1) 半径 2 cm の球 　　　(2) 半径 3 cm の半球 　　　(3) 半径 4 cm の $\frac{1}{4}$ 球

解答の方針

194 辺 BC をふくみ平面 DEF に平行な平面を考える。

197 図1は，ある立体の展開図である。
次の問いに答えなさい。 　　　　　　　　　　　　（島根県）

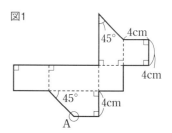

図1

(1) この展開図をもとにして立体をつくるとき，図2の頂点A
と重なり合う点すべてに○をつけよ。

(2) この立体の体積を求めよ。

(3) この立体をいくつか組み合わせて，できるだけ小さい立方体
をつくりたい。このとき，この立体は全部で何個必要か答えよ。

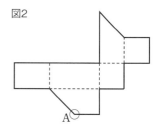

図2

198 右の図のように，底面の半径が10 cm，ABを母線とする円柱がある。点
Pは点Aを出発し，円周上を一定の速さで動き，1周するのに48秒かかる。点
Qは点Bを出発し，円周上を一定の速さで点Pと逆向きに動き，1周するのに
144秒かかる。2点P，Qはそれぞれ点A，Bを同時に出発するものとして，次
の問いに答えなさい。 　　　　　　　　　　　（東京・日本大第三高）

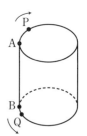

(1) 出発してから1秒間に点Pが動いた距離と，点Qが動いた距離の和を求めよ。

難(2) 点Pが点Aを出発してから1周する間に，線分PQの長さが最小になるのは出発してから何秒
後か答えよ。

難(3) 点Pが点Aを出発してから1周する間に，線分PQの長さが最大になるのは出発してから何秒
後か答えよ。

199 右の図のように，1辺が3 cmの正方形を3つ組み合わせた図形
がある。この図形を，直線 ℓ を軸として1回転してできる立体をP，直
線 m を軸として1回転してできる立体をQとする。PとQでは，表面
積はどちらがどれだけ大きいか求めなさい。 　　　　　　（秋田県）

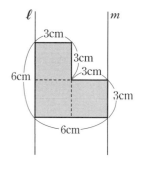

解答の方針

197 見取図をかくとわかりやすい。

198 (2)，(3)は(1)の結果を用いればよい。

200 図1は，底面の円の半径が3cm，母線の長さが6cmの円錐で，点O
は底面の円の中心，線分ABは底面の円の直径である。

このとき，次の問いに答えなさい。 （山梨県）

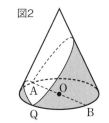

図1

(1) 図1の円錐の側面の展開図はおうぎ形になる。このおうぎ形の中心角の
大きさを求めよ。

難(2) 図2は，図1の底面の円周上に点Aと異なる点Qをとり，ひもの長さが
最も短くなるように，点Aから円錐の側面にそって点Qまでひもをかけ，
さらに点Qから反対側の側面にそって点Aまでひもをかけたものである。
側面のうち，ひもと底面の円周とで囲まれた部分の面積の和が，最も小さく
なるように点Qをとったとき，次の①，②に答えよ。

① ∠AOQの大きさを求めよ。

② 面積の和を求めよ。

201 図1は，横10cm，縦6cm，高さ8cmの直方体の容器に水をいっぱいに入れたものである。
この状態から容器を傾け，水をこぼしていき，容器に残った水の体積を調べる学習をした。

このとき，次の問いに答えなさい。ただし，容器の厚さは考えないものとする。 （山梨県）

図1

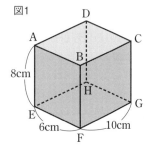

図2

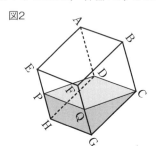

図3

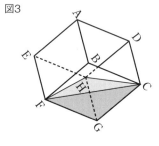

(1) 図2において，点P，Qはそれぞれ辺EH，辺FGの中点である。

恵子さんは，図2のように水面が四角形CDPQとなった時点でこぼすのをやめた。このとき，
こぼす前の水(図1)の体積と，残っている水(図2)の体積の比を，最も簡単な整数の比で表せ。

(2) 良夫さんは，図3のように水面が三角形CHFとなった時点でこぼすのをやめた。このとき，残
っている水の体積を求めよ。

202 AB＝AD＝6，AE＝8 の直方体 ABCD－EFGH において，点 I，J を
それぞれ辺 BF と DH 上に IF＝JH＋1 となるようにとる。この直方体を 3
点 E，I，J を通る平面で切ると，この平面は辺 CG と点 K で交わり，直方
体が 2 つの立体に分けられた。2 つの立体の体積の比が

（A を含む立体）：（G を含む立体）＝5：3

であるとき，IF の長さを求めなさい。 （埼玉・慶應志木高）

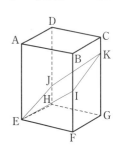

203 底面の円の半径が 3 cm，高さが 9 cm の円柱がある。このとき，次の問いに答えなさい。ただ
し，円周率は π とする。

(1) 図 1 のように，円柱の側面上を動く点 Q をとり，点 Q を通る円柱の母線と点
H を含む底面との交点を R とする。

　このときできる四角形 OHRQ を直線 OH を軸として 1 回転させてできる立体
の体積と円柱の体積の比が 1：2 になるとき，線分 QR の長さを求めよ。

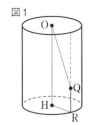

図 1

(2) 図 2 は，長方形 KLMN を紙にかいて切り取ったものであ
る。これを，円柱の側面にすきまなく，重なりもないように
斜めに巻きつける。

　図 3 のように，側面を 2 回りして，2 点 N，K が円柱の同
じ母線上の距離 6 cm の位置にくるとき，長方形 KLMN の
面積を求めよ。

　ただし，紙の厚さは考えないものとする。 （山梨県）

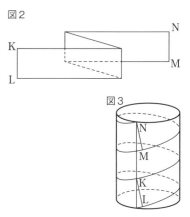

解答の方針

202 EI∥JK，EJ∥IK となる。

　　　立体の体積はそのままでは求めにくいので，分割する。

203 (1) 回転体を 2 つの立体に切断して考える。

　　　(2) 円柱の側面の展開図をかいてみて，長方形 KLMN がどのような様子になっているかを考える。

7 資料の散らばりと代表値

標 準 問 題───────────────────────── 解答 別冊 p.55

204 〉[度数分布表]

下の資料は，ある中学校 3 年女子の身長測定の結果を書き並べたものである。

151.8	146.7	153.5	149.2	152.3	150.1	149.9	146.3	148.4
165.5	159.8	150.3	148.8	139.6	153.7	148.8	155.2	145.0
162.3	147.7	156.3	136.0	152.5	151.4	169.3	140.2	143.9
149.6	139.7	161.8	158.0	143.6	152.5	149.9	150.7	153.2
140.5	154.3	146.9	163.3	149.9	150.2	143.8	158.5	147.4

（単位 cm）

この結果を右のような度数分布表にした。

次の問いに答えなさい。

(1) 上の資料から，範囲はいくつか答えよ。

(2) 右の度数分布表について，階級はいくつあるか答えよ。

(3) 右の度数分布表について，階級の幅はいくらか答えよ。

(4) 右の度数分布表について，それぞれの階級の階級値をいえ。

(5) 上の資料をもとにして，下の①，②のような度数分布表
をつくった。空らんをうめよ。

階級(cm)	度数(人)
135 以上 〜140 未満	3
140　　〜145	5
145　　〜150	14
150　　〜155	13
155　　〜160	5
160　　〜165	3
165　　〜170	2
計	45

①

階級(cm)	度数(人)
134 以上 〜138 未満	
138　　〜142	
142　　〜146	
146　　〜150	
150　　〜154	
154　　〜158	
158　　〜162	
162　　〜166	
166　　〜170	
計	45

②

階級(cm)	度数(人)
136 以上 〜140 未満	
140　　〜144	
144　　〜148	
148　　〜152	
152　　〜156	
156　　〜160	
160　　〜164	
164　　〜168	
168　　〜172	
計	45

ガイド　資料の値のうち，最大値と最小値の差を範囲といい，散らばりの度合いを表す値として用いること
がある。
　　　資料を整理するためにいくつかに区切った区間のことを階級といい，その幅を階級の幅という。
　　　また，階級の中央の値を階級値という。
　　　資料の散らばりのようすを分布といい，各階級にその度数を対応させて資料の分布のようすを示し
た表を度数分布表という。

重要 205 [度数分布表の見方]

下の資料は，ある中学3年生の体重測定の結果を書き並べたものである。下の問いに答えなさい。

38.3	45.8	49.2	63.1	33.3	48.1	43.7	45.0	52.3	37.4
45.5	43.6	32.8	45.5	55.2	46.7	52.0	40.3	42.9	40.2
39.8	62.2	44.0	43.5	50.0	45.7	42.6	46.0	41.8	42.5
40.7	43.8	46.5	35.5	56.3	42.1	50.5	42.5	43.5	38.7
44.8	49.6	52.7	57.9	44.5	43.7	42.5	48.3	53.4	46.7
52.8	48.5	51.2	45.2	40.0	36.5	39.4	45.7	47.7	39.8
47.3	52.3	44.6	42.3	43.5	50.0	43.9	46.2	41.3	50.1
52.0	35.8	60.0	46.8	40.3					

（単位 kg）

(1) 体重の散らばりの範囲を求めよ。

(2) 右の度数分布表を完成させよ。

(3) どの階級のものがいちばん多いですか。また，いちばん少ない階級はどれか答えよ。

(4) 体重が 45.0 kg の人は，どの階級に入るか答えよ。

(5) 体重が 50 kg 以上ある人は，全部で何人か答えよ。

(6) 体重が 45 kg 未満の人は，全部で何％いるか。
小数第一位まで求めよ。

階級（kg）	度数（人）
30 以上 ～35 未満	
35　　　～40	
40　　　～45	
45　　　～50	
50　　　～55	
55　　　～60	
60　　　～65	
計	

ガイド 度数分布表にまとめると，散らばりのようすが見やすくなる。

重要 206 [ヒストグラム]

下の資料は，ある中学校3年生の数学の試験の結果を書き並べたものである。この結果を 10点以上 20 点未満，20 点以上 30 点未満，……の階級に分けてヒストグラムをかき，次の問いに答えなさい。

65　78　48　59　56　16　70　66　56　68　43　62　77　24　47　59　52　64　38　43
58　75　28　67　79　66　47　65　76　35　53　63　68　89　58　98　69　73　60　78

(1) 50 点以上 60 点未満の生徒は何人いるか答えよ。

(2) 40 点未満の生徒は全体の何％か答えよ。

ガイド 右の図のように，階級ごとに整理された度数の分布を長方形の面積で表したグラフをヒストグラム（柱状グラフ）という。

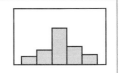

(i) 資料の数値（階級）を横軸に，度数を縦軸にとる。各長方形の横の長さは階級の幅を表し，高さは各階級の度数を表す。

(ii) ヒストグラムの柱（長方形）の面積は度数に比例している。

207 [度数折れ線]

下の資料は，中学校3年生のあるクラスの走り幅跳びの記録を書き並べたものである。これについて，次の問いに答えなさい。

392	354	326	354	360	235	332	392	343	378
320	315	366	435	288	368	426	298	372	325
396	352	370	383	349	347	405	383	399	439
333	308	426	439	412	278	350	239	382	362
368	450	397	423						

(単位 cm)

(1) 上の結果を，200 cm 以上 240 cm 未満，240 cm 以上 280 cm 未満，……の階級に分けて，ヒストグラムをつくれ。

(2) (1)の結果から，度数折れ線をつくれ。

> **ガイド** ヒストグラムで，おのおのの長方形の上の辺の中点を順に結んだ折れ線グラフを度数折れ線（または度数分布多角形，度数分布グラフ）という。

208 [累積度数，相対度数，累積相対度数]

82 ページの **204** の度数分布表から，累積度数，相対度数，累積相対度数を計算して，右の空らんをうめ，次の問いに答えなさい。

(1) 身長が 155 cm 未満の人は何人いるか答えよ。

(2) 160～165 の階級に入る人は全体の何％にあたるか答えよ。

(3) 身長が 150 cm 未満の人は全体の何％いることになるか答えよ。

階級(cm)	度数(人)	累積度数	相対度数	累積相対度数
以上　未満				
135～140	3			
140～145	5			
145～150	14			
150～155	13			
155～160	5			
160～165	3			
165～170	2			
計	45			

> **ガイド** ある階級までの度数の和を，その階級に対する累積度数という。ある階級の度数の，度数の合計に対する割合を，その階級の相対度数という。また，ある階級の累積度数の，度数の合計に対する割合を，その階級の累積相対度数という。

209 ﹀ [平均値①]

右の表は，北海道の A 市における 3 月 1 日の過去 10 年間の最
高気温と最低気温を表したものである。

　この表について，次の問いに答えなさい。

(1)　最高気温と最低気温の差がもっとも大きい年は何年か答え
よ。

(2)　最高気温について，最近の 5 年間の平均値は，それ以前の
5 年間の平均値より何度低くなったか。小数第 2 位を四捨五
入し，小数第 1 位まで求めよ。

(3)　最低気温について，最近の 5 年間の平均値は，それ以前の
5 年間の平均値より何度低くなったか。小数第 2 位を四捨五
入し，小数第 1 位まで求めよ。

年	最高気温 (℃)	最低気温 (℃)
2012	4.8	−4.5
2013	5.8	−10
2014	−4.9	−8.2
2015	−4	−12.7
2016	−1.8	−7.9
2017	−1.4	−16.9
2018	−1.2	−3.6
2019	0.5	−9.7
2020	−3.5	−8.2
2021	−1.6	−12.8

ガイド　資料全体の数値の総和を資料の個数でわったものを平均値(または平均)という。

$$(平均値) = \frac{(資料の値の合計)}{(資料の個数)}$$

平均値は代表値の 1 つである。

重要 210 ﹀ [平均値②]

ある中学校の 3 年 1 組の女子生徒は全部で 20 人である。これら
の生徒全員について背筋力を測定した。右の表はその結果をまと
めた度数分布表である。

　このとき，次の問いに答えなさい。

(1)　85 kg 以上 95 kg 未満の階級の相対度数を求めよ。

(2)　この学級における女子生徒全員の背筋力の平均値を求めよ。

階級(kg)	度数(人)
以上　未満	
45〜55	3
55〜65	5
65〜75	7
75〜85	2
85〜95	2
95〜105	1
計	20

ガイド　度数分布表から平均値を求めるには，各階級について階級値を決め，(階級値)×(度数)を求め，そ
れらの和を度数の合計でわればよい。

$$(平均値) = \frac{\{(階級値)×(度数)\}の合計}{(度数の合計)}$$

一般に，資料の値から求める平均値と，度数分布表から求める平均値は一致しないが，その差は大
きくはない。

211 〉[資料の平均と範囲]

下の表は，ある中学校の2年生のクラスの生徒45人の体重を出席番号順に表したものである。この表について，次の問いに答えなさい。

(1) いちばんはじめの階級を30kg以上35kg未満として，度数分布表をつくれ。

(2) もとの表から求めた平均と，(1)でつくった度数分布表から求めた平均とでは，どのように異なりますか。その違いを小数第1位まで求めよ。

(3) この45人の体重の範囲を求めよ。

No.	体重(kg)	No.	体重(kg)	No.	体重(kg)	No.	体重(kg)	No.	体重(kg)
1	52	11	33	21	53	31	64	41	53
2	43	12	41	22	40	32	42	42	61
3	50	13	35	23	54	33	58	43	39
4	38	14	55	24	62	34	35	44	46
5	64	15	42	25	53	35	52	45	44
6	45	16	56	26	55	36	59		
7	48	17	55	27	59	37	34		
8	37	18	42	28	46	38	51		
9	52	19	57	29	51	39	43		
10	54	20	46	30	50	40	38		

ガイド (1)はじめの階級を30kg以上35kg未満とすると，階級の幅は5kgであるから，全部で7つの階級に表すことができる。統計で資料を整理する場合，度数分布表を作成することは，いちばん大切なことであるから，迅速かつ正確にできるようにしなければならない。正の字を使ったり卌など工夫して間違いのないように数え上げ，使った資料は／で消したり，○をつけるなど印をつけてモレなく重複なく数え上げることが大切である。

(3)範囲は，資料の散らばりを表す値の1つで，資料の散らばっている幅のことである。その資料の最大の値から最小の値をひいて求める。

重要 212 〉[中央値と最頻値]

あるグループの通学時間(単位は分)を調べたら，次のようであった。このとき，次の問いに答えなさい。

| 16 | 17 | 15 | 16 | 15 | 18 | 19 | 16 | 17 | 15 |
| 17 | 15 | 16 | 18 | 13 | 16 | 15 | 17 | 16 | 19 |

(1) 中央値を求めよ。　　　(2) 最頻値を求めよ。　　　(3) 範囲を求めよ。

ガイド 資料を小さい順に並べたとき，その中央にくる値を中央値(メジアン)という。ただし，資料の個数(度数の合計)が偶数のときは，真ん中の2つの値の平均値を中央値とする。

資料において，最も個数の多い値を，その資料の最頻値(モード)という。ただし，度数分布表から求める場合，度数が最も大きい階級の階級値を最頻値とする。

213 〉[代表値の必要性と意味]

次の問いに答えなさい。

(1) 次の資料は，世界の 5 つの国の面積（km²）である。

9984670	377930	242900	357114	301336
（カナダ）	（日本）	（イギリス）	（ドイツ）	（イタリア）

これらの面積について，次の問いに答えなさい。

① 平均値を求めよ。　　　　　② 中央値を求めよ。

③ ①と②から，5 つの国の面積の代表値として適当なのはどちらか。また，それはなぜか答えよ。

(2) 右の表は，あるデパートで昨年 1 年間に売れた靴の数を，サイズ別にまとめたものである。このとき，次の問いに答えよ。

① 平均値を小数第 1 位まで求めよ。

② 中央値を求めよ。　　　　　③ 最頻値を求めよ。

④ 今年最も多く仕入れる靴のサイズとして適当な代表値はどれか答えよ。

サイズ(cm)	個　数
21.5	6
22.0	12
22.5	15
23.0	45
23.5	42
24.0	38
24.5	22
25.0	10
25.5	6
計	196

重要 214 〉[相対度数，累積相対度数]

次の表は A 中学校 100 人，B 中学校 150 人の生徒の通学時間について調べ，まとめたものである。ただし，相対度数，累積相対度数のどちらも四捨五入したがい数ではなく，小数第 2 位まででわり切れた値である。このとき，次の問いに答えなさい。

(1) ㋐，㋑にあてはまる数を求めよ。

(2) 通学時間が 5 分以上 10 分未満の生徒は，A 中学校，B 中学校それぞれ何人いるか求めよ。

(3) A 中学校，B 中学校の通学時間の中央値は，それぞれどの階級に含まれますか。含まれる階級の階級値で答えよ。

生徒の通学時間

通学時間(分)	相対度数		累積相対度数	
	A 中学校	B 中学校	A 中学校	B 中学校
以上〜未満				
0 〜 5	0.08	0.00	0.08	0.00
5 〜 10	0.14	0.16	0.22	0.16
10 〜 15	0.30	0.28	0.52	0.44
15 〜 20	0.22	0.36	0.74	㋑
20 〜 25	㋐	0.20	0.90	1.00
25 〜 30	0.10	0.00	1.00	1.00
合　計	1.00	1.00		

(4) 上の表から読み取れることとして，正しいといえるものを次の①〜⑤のうちから 2 つ選べ。

① 通学時間が 15 分未満の生徒数は，A 中学校の方が B 中学校より多い。

② 通学時間の散らばりが少ないのは，A 中学校より B 中学校の方である。

③ B 中学校では半数以上の生徒の通学時間は 15 分未満である。

④ 通学時間が 20 分未満である生徒の割合は，A 中学校より B 中学校の方が大きい。

⑤ B 中学校のたつやさんの通学時間は 17 分であった。たつやさんの通学時間は B 中学校では短い方である。

ガイド (1)最小の階級から，その階級までの相対度数の合計が累積相対度数である。

$$(2)（累積相対度数）＝\frac{（最小の階級から，その階級までの度数の合計）}{（度数の合計）}$$

215 次の資料は，A中学校3年のある運動部で，男子全員の身長を測定した結果である。ただし，単位はcmである。

163, 158, 162, 171, 165,
172, 155, 157, 169, 160,
153, 164, 156, 170, 162,
166, 163, 158, 162, 163,
167, 161, 156

階級(cm)	度数(人)
以上 未満	
150〜155	
155〜160	
160〜165	
165〜170	
170〜175	
計	23

このとき，次の問いに答えなさい。

(1) この資料を右の度数分布表に整理せよ。

(2) 160cm以上165cm未満の階級の人数は，全体の人数の何%にあたりますか。小数第1位のがい数で答えよ。

216 右の表は，生徒40人の昨日の夕食の食事時間について調べたものである。この表について，次の問いに答えなさい。

(1) 表中の ⑦ ， ⑦ ， ⑦ ， ⑦ にあてはまる数を求めよ。

(2) 食事時間が何分未満の人数が，30分未満の人数のちょうど2倍になるか求めよ。

(3) たかしさんの食事時間は28分であった。たかしさんの食事時間は短い方といえるか。理由とともに答えよ。

(4) みおさんの食事時間は36分であった。みおさんの食事時間は長い方といえるか。理由とともに答えよ。

夕食の食事時間

階級(分)	度数(人)	累積度数(人)
以上〜未満		
0 〜 10	2	2
10 〜 20	5	7
20 〜 30	11	⑦
30 〜 40	⑦	33
40 〜 50	3	⑦
50 〜 60	4	⑦
合 計	40	

217 右の表はあるクラスの男子の身長の測定結果を階級ごとに，まとめたものである。次の問いに答えなさい。

(1) 表中の ⑦ ， ⑦ にあてはまる数を求めよ。

(2) 155cm以上の生徒の数を求めよ。

(3) 身長の平均値を求めよ。

階級(cm)	階級値(cm)	度数(人)	(階級値)×(度数)
以上 未満			
145.0〜150.0	147.5	1	147.5
150.0〜155.0	152.5	4	610.0
155.0〜160.0	157.5	5	787.5
160.0〜165.0	162.5	⑦	
165.0〜170.0	⑦	5	837.5
170.0〜175.0	172.5	3	517.5
計		25	4037.5

解答の方針

216 (1)累積度数とは，最小の階級からその階級までの度数の合計である。

(2)食事時間が30分未満の人数と累積度数との関係を考えよう。

(4)みおさんの食事時間36分は階級30〜40に含まれるが，階級の中で何番目かはわからない。

218 下の図は，ある中学校の2年男子50人のハンドボール投げの記録をヒストグラムで表したものであるが，25〜28と28〜31の階級については記入されていない。

(1) 13〜16の階級と25〜28の階級の度数の比は1：3である。

右のヒストグラムを完成させよ。

(2) 28〜31の階級の相対度数を求めよ。

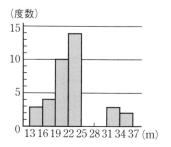

219 ある中学校のバレー部男子部員は全員で20人である。下の表は，これらの男子部員全員の身長について調べた結果を，階級ごとにまとめたものである。

この表について，次の問いに答えなさい。

身長(cm)	階級値(cm)	度数(人)	(階級値)×(度数)
以上　未満 150〜155	152.5	1	152.5
155〜160	157.5	2	315.0
160〜165	162.5	6	975.0
165〜170	167.5	7	1172.5
170〜175	172.5		345.0
175〜180	177.5	㋐	
計		20	3315.0

(1) 上の表の ㋐ にあてはまる数を書け。

(2) 身長が165cm以上の生徒の人数は全体の何％にあたるか。

(3) 身長の平均値を求めよ。

(4) このクラブで，身長が155cm以上160cm未満の階級に入る男子部員が1人退部し，身長が170cm以上175cm未満の階級に入る男子部員が1人入部してきた。この結果，男子部員全員の身長の平均値はいくらになったか答えよ。

解答の方針

218 (1) 25〜28の度数がわかれば，全体の人数より，28〜31の度数もわかる。

219 (4) (階級値)×(度数)の計の欄が(172.5−157.5)だけ増える。

220 12 人でゲームをした。ひとりが，赤，青，白の 3 つの輪をもち，それぞれ 1 回ずつポールに投げる。赤の輪がかかると 3 点，青は 2 点，白は 1 点とし，その合計がその人の得点になる。

右の表は，その得点を度数分布表にまとめたものである。

得点(点)	0	1	2	3	4	5	6	計
度数(人)	1	1	2	3	2	2	1	12

これをもとにして，次の問いに答えなさい。

(1) 得点が 4 点以上となった人の相対度数を小数第 2 位まで求めよ。

(2) 得点の平均値を小数第 2 位まで求めよ。

難 (3) ポールに赤の輪をかけた人が 7 人いた。青，白の輪をかけた人はそれぞれ何人いたか答えよ。

221 次の表は，A 中学校のある運動部に所属する部員 20 人の身長の度数分布表である。度数，(階級値)×(度数)の欄については，一部記入されていない。

また，この度数分布表を作成した後に，身長が階級 165.0 cm～170.0 cm に入る新入部員が何人か入ったので，全体の平均を求め直すと 0.75 cm 高くなった。ただし，もとの部員 20 人の階級の度数は変わらないものとする。

階級(cm)	階級値(cm)	度数(人)	(階級値)×(度数)
以上　未満 145.0～150.0	147.5	⑦	295.0
150.0～155.0	152.5	④	
155.0～160.0	157.5	3	
160.0～165.0	162.5	6	975.0
165.0～170.0	167.5	4	670.0
170.0～175.0	172.5	3	517.5
175.0～180.0	177.5	1	177.5
計		20	3260.0

(1) 表中の ⑦ ， 　④ にあてはまる度数を求めよ。

(2) 新入部員が入る前の階級 160.0 cm～165.0 cm の相対度数を求めよ。

(3) 度数分布表を作成した後に入ってきた新入部員の人数を求めよ。

解答の方針

220 (3) 赤の輪をかけたのは 3 点以上の人で，4 点以上の人は必ず赤の輪をかけている。

222 ある日, ある中学校で 1 年生の登校時刻の調査を行った。右の表はその調査結果にもとづいて作成した学年と A 君の学級の度数分布表である。ただし, 各階級の左に示した時刻はその階級にふくまれ, 右に示した時刻はその階級にふくまれないものとする。この度数分布表をもとに, 次の問いに答えなさい。

階　　級	度数(人)	
	学　　年	A 君の学級
時 分　時 分		
7:50～7:55	2	0
7:55～8:00	5	1
8:00～8:05	8	2
8:05～8:10	9	4
8:10～8:15	33	5
8:15～8:20	30	10
8:20～8:25	45	11
8:25～8:30	18	2
計	150	35

(1) この日, A 君より早く登校した生徒は, 学年全体では 17 人いた。A 君の学級には A 君が登校したとき, 何人いたと考えられますか。考えられる人数をすべてあげているものを, 次の㋐～㋓から選び, その記号を書け。

㋐　3 人　　　　㋑　3, 4 人　　　　㋒　3, 4, 5 人　　　　㋓　3, 4, 5, 6 人

(2) この学校では 8:25 に予鈴が鳴る。予鈴が鳴る前に登校した生徒について学年と A 君の学級とを比較するため, 7:50～7:55 の階級から 8:20～8:25 の階級までの各階級の相対度数の和を求めたところ, 学年では 0.88 であった。A 君の学級ではいくらか小数第 2 位まで求めよ。

難(3) 右の図は, 学年の度数分布のようすを, ヒストグラムに表したものである。かげをつけた図形の総面積を 2 等分する直線 ℓ をヒストグラムの縦軸に平行にひき, 直線 ℓ とヒストグラムの横軸との交点を T とする。T にあたる時刻は 8 時何分か答えよ。

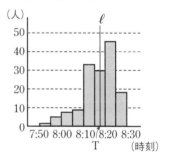

解答の方針

222 (1) A 君は学年ではどの階級の何番目に登校したか。その階級内で, A 君より早く登校した生徒は学級内で何人いるかを考える。

(2) 予鈴が鳴る前に登校した生徒の人数は何名いるかを考える。

(3) 8:15～8:20 の間の登校者数は時間に比例すると考える。

---

1 次の問いに答えなさい。 **(各 8 点，計 24 点)**

(1) $(-2)^2 \times \dfrac{2}{3} + (-2^3) \times \left(-\dfrac{2}{3}\right)$ を計算せよ。 (京都・洛南高)

(2) $\{(-2)^4 - 4 \times (-2)\} \div \left(\dfrac{1}{4} - \dfrac{1}{2}\right)$ を計算せよ。 (東京・明治学院高)

(3) $\left(\dfrac{2}{3} + \dfrac{1}{5}\right) \div \left(\dfrac{3}{4} - \dfrac{1}{8}\right) - \left(-\dfrac{4}{5}\right)^2$ を計算せよ。 (北海道・函館ラ・サール高)

(1)		(2)		(3)	

---

2 3桁の正の整数を考える。このとき，次の問いに答えなさい。 (愛知・東海高)**(各 8 点，計 16 点)**

(1) 各位の数の和が 7 であり，百の位の数と一の位の数を入れかえると，もとの整数より大きくなる。このような整数は何個あるか求めよ。

(2) ある 2 つの位の数を入れかえると，もとの整数より 90 大きくなる。このような整数は何個あるか求めよ。

(1)		(2)	

---

3 ひし形 OABC の 2 つの頂点 A，C は，反比例の関係 $y = \dfrac{16}{x}$ のグラフ上にある。

点 A の x 座標が 2 であるとき，ひし形 OABC の面積を求めなさい。

(東京・筑波大附高)**(12 点)**

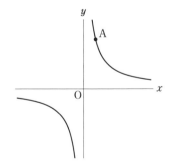

4 右の図のように，点 A を通る円 O と，円 O の外部の点 B があり，直線 ℓ は，点 A を接点とする円 O の接線である。下の【条件】の①，②をともに満たす点 P を，定規とコンパスを使って作図しなさい。

ただし，作図に使った線は残しておくこと。 （山形県）(12 点)

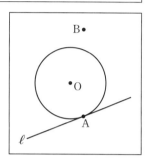

【条件】

　① 点 P は，直線 ℓ と直線 AB から等しい距離にある。

　② 円 O の円周上の点 P は，点 A とは異なる位置にあり，∠PAB の大きさは 45° より小さい。

5 右図のような 1 辺の長さが 2 の正方形 ABCD を底面とする 9 面体がある。ここで，辺 PA，QB，RC，SD はすべて底面に垂直で，長さがすべて 1 である。また，線分 AC と BD の交点の真上に点 O があり，四角形 ONPK，OKQL，OLRM，OMSN はすべてひし形である。また，点 N，K，L，M から正方形 ABCD に下ろした垂線の長さは 2 である。

このとき，点 O から底面に下ろした垂線の長さと，この立体の体積を求めなさい。 （福岡・久留米大附設高 改）(各 12 点，計 24 点)

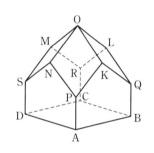

垂線の長さ：	体積：

6 右の表は，25 人のクラスで行った数学の試験の得点をまとめた度数分布表である。中央値が含まれる階級と，度数分布表から計算した平均値が含まれる階級は異なっていた。このとき，a，b の値を求めなさい。ただし，a は 0 でないものとする。

（東京学芸大学付高）(12 点(完答))

a =	b =

階級(点)	度数(人)
90以上 ～100未満	0
80以上 ～ 90未満	a
70以上 ～ 80未満	5
60以上 ～ 70未満	6
50以上 ～ 60未満	4
40以上 ～ 50未満	4
30以上 ～ 40未満	2
20以上 ～ 30未満	1
10以上 ～ 20未満	b
0以上 ～ 10未満	0
計	25

1 次の問いに答えなさい。 (各8点, 計24点)

(1) $\{(-1)^2 + (-2)^3 - (-3)^4 - (-4)^3\} \div (-6)$ を計算せよ。 (京都・洛南高)

(2) $\left(\dfrac{3}{17} + \dfrac{4}{3}\right) \div \left\{\dfrac{5}{2} + 0.6 \div \left(1.5 - \dfrac{1}{5}\right)\right\}$ を計算せよ。 (東京・中央大杉並高)

(3) 比例式 $(x-4) : x = 5 : 4$ を満たす x の値を求めよ。 (山梨・駿台甲府高)

(1)		(2)		(3)	

2 自然数 x の正の約数の個数を $<x>$ と定める。例えば，$<6>=4$ であり，$<13>=2$ である。$1 \leqq x \leqq 50$ とするとき，次の問いに答えなさい。 (大阪星光学院高)(各8点, 計24点)

(1) $<x>=2$ を満たす x の個数を求めよ。

(2) $<x>=3$ を満たす x の個数を求めよ。

(3) $<x>=4$ を満たす x の個数を求めよ。

(1)		(2)		(3)	

3 右の図で，△ABC は，∠ABC＝90° の直角三角形である。
　△ABC を BE＜EC となるように，辺 BC の C の方向に平行移動させたものを △DEF とし，辺 AC と辺 DE の交点を P とする。
　点 P を中心とし，頂点 D が線分 AP 上にくるように △DEF を反時計回りに回転させたものを △QRS とする。
　右の図をもとに，△QRS を定規とコンパスを用いて作図し，頂点 Q，頂点 R，頂点 S の位置を示す文字 Q，R，S も書きなさい。
　ただし，作図に用いた線は消さないでおくこと。

(東京・新宿高)(13点)

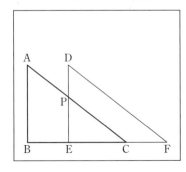

4 図のような，点 O を中心とする 2 つの半円と直線 ℓ で囲まれた斜線部分を ℓ の周りに 1 回転させたときにできる立体の体積を求めなさい。

（東京都・中央大附高）(13 点)

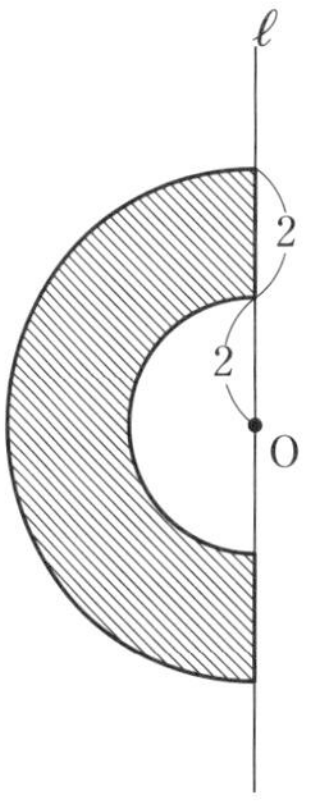

5 図のように，直方体 ABCD − EFGH を 4 点 P, F, Q, R を通る平面で 2 つの立体に切り分けたとき，小さい方の立体の体積を求めなさい。

（東京・國學院久我山）(13 点)

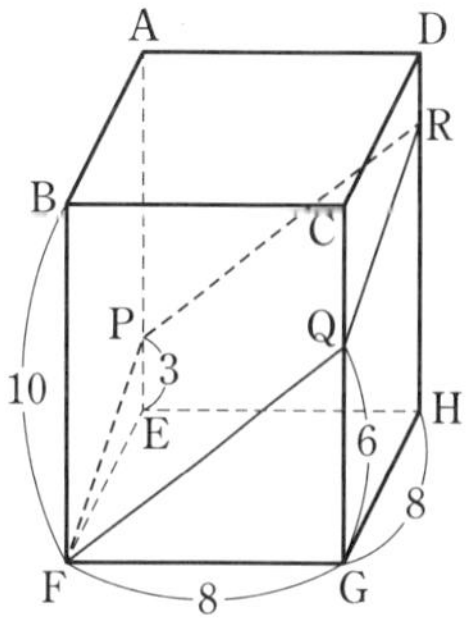

6 点数が 0 以上 10 以下の整数であるテストを 7 人の生徒が受験した。得点の代表値を調べたところ，平均値は 7 であり，中央値は最頻値より 1 大きく，得点の最小値と最頻値の差は 3 であった。最頻値は 1 つのみとするとき，7 人の得点は左から小さい順に書き並べると，□，□，□，□，□，□，□である。□に入る数字を答えなさい。

（神奈川・慶應高）(13 点(完答))

□ 編集協力　エデュ・プラニング合同会社　河本真一　踊堂憲道
□ 本文デザイン　CONNECT

シグマベスト
最高水準問題集
中1数学

編　者　文英堂編集部
発行者　益井英郎
印刷所　中村印刷株式会社
発行所　株式会社文英堂
　　　　〒601-8121　京都市南区上鳥羽大物町28
　　　　〒162-0832　東京都新宿区岩戸町17
　　　　(代表)03-3269-4231

●落丁・乱丁はおとりかえします。

最高水準
問題集

中1数学

解答と解説

文英堂

1 正の数・負の数

001 (1) ① ＋957 m, −4780 m

② −3.9 m, ＋40.5 km

③ 76点, 46点

(2) ① 東へ −4 m 進む

② −8 人多い ③ −5 kg 重い

④ −3 分後 ⑤ −100 円の損失

⑥ −50 円安い ⑦ −1000 円余る

⑧ −10 歩前進

002 (1)

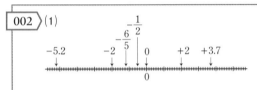

(2) ① −7 ② −4.9 ③ −1.5

④ ＋2.2 ⑤ ＋6

⑰ 得点アップ

数直線上の 2 点 P, Q の座標をそれぞれ p,

q とすると,

PQ ＝(p と q の差の絶対値)

である。

このことは, 次のように示される。

⑦ $0 \leqq p \leqq q$ のとき

PQ ＝ $q - p$

① $p \leqq 0 \leqq q$ のとき

PQ ＝ $q - p$

⑦ $p \leqq q \leqq 0$ のとき

PQ ＝ $-p - (-q)$

＝ $q - p$

① $0 \leqq q \leqq p$ のときは, ⑦より, PQ ＝ $p - q$

② $q \leqq 0 \leqq p$ のときは, ①より, PQ ＝ $p - q$

⑭ $q \leqq p \leqq 0$ のときは, ⑦より, PQ ＝ $p - q$

以上, ⑦～⑭すべてにおいて, PQ は, その座標の差の絶対値をとればよいことを示している。

003

(1) ⑦ $0 < 1 < 3$ ① $-3 < -1 < 0$

⑦ $-3 < -1 < 3$

(2) 1 の絶対値は 0 を表す点と 1 を表す点との距離を表す。

−3 の絶対値は 0 を表す点と −3 を表す点との距離を表す。

(3) 4 (4) 2

004 (1) 8 個 (2) 11 個

解説 (1) −3, −2, −1, 0, 1, 2, 3, 4 の 8 個

(2) −5, −4, −3, −2, −1, 0, 1, 2, 3, 4, 5 の 11 個

005 (1) ① 6 ② −7

(2) ③ −7 ④ 0 (3) ⑤ −0.001

006 (1) −4 (2) 4 (3) −10

(4) −13 (5) −5 (6) −4

(7) −10 (8) −2 (9) −5

(10) $\dfrac{1}{2}$ (11) $\dfrac{7}{12}$ (12) $-\dfrac{1}{15}$

解説 (1) $5 + (-9) = \underset{\underset{\text{絶対値の大きい方の符号}}{\uparrow}}{-} \underset{\underset{\text{差}}{\uparrow}}{(9-5)} = -4$

(2) $-6 + 10 = +(10-6) = +4$

(3) $(-5) + (-5) = \underset{\underset{\text{共通の符号}}{\uparrow}}{-} \underset{\underset{\text{和}}{\uparrow}}{(5+5)} = -10$

(4) $-5 + (-8) = -(5+8) = -13$

(5) $-7 + 2 = -(7-2) = -5$

(7) $-7 + (-3) = -(7+3) = -10$

(8) $7 + (-9) = -(9-7) = -2$

(9) $(-8) + 3 = -(8-3) = -5$

(10) $\dfrac{1}{3} + \dfrac{1}{6} = +\left(\dfrac{1}{3} + \dfrac{1}{6}\right) = +\dfrac{2+1}{6} = \dfrac{3}{6} = \dfrac{1}{2}$

(12) $-\dfrac{2}{3} + \dfrac{3}{5} = -\left(\dfrac{2}{3} - \dfrac{3}{5}\right) = -\dfrac{10-9}{15} = -\dfrac{1}{15}$

007 (1) 2 (2) −4 (3) 0.2

(4) −2.3 (5) −0.47 (6) $\dfrac{363}{140}$

解説 (1) $(-3)+7+(-2)=-(3+2)+7$
$$=-5+7=2$$

(2) $(-6)+9+(-7)=-(6+7)+9=-13+9=-4$

(3) $0.4+(-0.7)+0.5=(0.4+0.5)+(-0.7)$
$$=0.9+(-0.7)=0.2$$

(4) $3.2+(-3.5)+(-2)=3.2+(-5.5)=-(5.5-3.2)$
$$=-2.3$$

(5) $0.04+(-1.2)+2.67+(-1.98)$
$=(0.04+2.67)+\{-(1.2+1.98)\}=2.71+(-3.18)$
$=-(3.18-2.71)=-0.47$

(6) $1+\dfrac{1}{2}+\dfrac{1}{3}+\dfrac{1}{4}+\dfrac{1}{5}+\dfrac{1}{6}+\dfrac{1}{7}$

$=1+\left(\dfrac{1}{2}+\dfrac{1}{3}+\dfrac{1}{6}\right)+\dfrac{1}{4}+\dfrac{1}{5}+\dfrac{1}{7}$

$=\left(1+1+\dfrac{1}{4}\right)+\left(\dfrac{1}{5}+\dfrac{1}{7}\right)$

$=\dfrac{9}{4}+\dfrac{12}{35}=\dfrac{9\times35+4\times12}{140}=\dfrac{315+48}{140}=\dfrac{363}{140}$

---

008 (1) -2 (2) -6 (3) -13
(4) 1 (5) 8 (6) 8
(7) 9 (8) 8 (9) $-\dfrac{5}{12}$
(10) $-\dfrac{1}{6}$ (11) $\dfrac{16}{35}$ (12) $-\dfrac{1}{10}$
(13) $-\dfrac{1}{18}$ (14) $-\dfrac{4}{15}$ (15) $\dfrac{19}{24}$

解説 (4) $-4-(-5)=-4+(+5)=+1$
(5) $5-(-3)=5+(+3)=+8$ —符号を＋符号に変えて加える
(8) $-2-(-10)=-2+(+10)=8$
(15) $\dfrac{3}{8}-\left(-\dfrac{5}{12}\right)=\dfrac{3}{8}+\left(+\dfrac{5}{12}\right)=\dfrac{9+10}{24}=\dfrac{19}{24}$

---

009 $\{⑦, ⑦, ⑫\},\ \{⑤, ⑥, ⑪\},$
$\{⑦, ⑥, ⑨\},\ \{④, ⑦, ⑩\}$

解説 ⑦, ⑦, ⑫…-5 ⑤, ⑥, ⑪…$+1$
⑦, ⑥, ⑨…-1 ④, ⑦, ⑩…$+5$

---

010 (1) -1.3 (2) 9.3 (3) 4.4
(4) -10.8 (5) $\dfrac{14}{3}$ (6) $-\dfrac{19}{8}$

解説 かっこをはずす。
(1) $(-3.4)-(-5.8)-3.7=-3.4+5.8-3.7$
$$=-(3.4+3.7)+5.8=-7.1+5.8$$
$$=-(7.1-5.8)=-1.3$$

(2) $(-0.7)-(-3.1)-(-6.9)=-0.7+3.1+6.9$
$$=10-0.7=9.3$$

(3) $(-5.3)-(-6.7)-(-2.4)-(-0.6)$
$=-5.3+6.7+2.4+0.6=9.7-5.3=4.4$

(4) $(-4.1)-6.2-(-2.8)-3.3$
$=-4.1-6.2+2.8-3.3=2.8-(4.1+6.2+3.3)$
$=2.8-13.6=-(13.6-2.8)=-10.8$

(5) $\dfrac{5}{6}-\left(-\dfrac{3}{4}\right)-\left(-\dfrac{7}{12}\right)-\left(-\dfrac{5}{2}\right)$
$=\dfrac{5}{6}+\dfrac{3}{4}+\dfrac{7}{12}+\dfrac{5}{2}=\dfrac{10+9+7+30}{12}=\dfrac{56}{12}=\dfrac{14}{3}$

(6) $\left(-\dfrac{7}{3}\right)-\left(-\dfrac{5}{6}\right)-\dfrac{3}{4}-\dfrac{1}{8}$
$=-\dfrac{7}{3}+\dfrac{5}{6}-\dfrac{3}{4}-\dfrac{1}{8}=\dfrac{-56+20-18-3}{24}=-\dfrac{57}{24}$
$=-\dfrac{19}{8}$

---

011 (1) 4 (2) -9 (3) -11
(4) 5 (5) -1 (6) 2
(7) 7 (8) 9 (9) $\dfrac{73}{24}$

解説 かっこをはずす。
(1) $-4+5-(-3)=-4+5+3=-4+8=4$
(4) $11-(-3)+(-9)=11+3-9=14-9=5$
(7) $4-(2-5)=4-(-3)=4+3=7$
(9) $\left(-\dfrac{5}{6}\right)-\dfrac{9}{4}-\left\{\left(-\dfrac{7}{2}\right)-\left(\dfrac{3}{4}-\dfrac{11}{8}\right)-\dfrac{13}{4}\right\}$
$=-\dfrac{5}{6}-\dfrac{9}{4}-\left(-\dfrac{7}{2}-\dfrac{6-11}{8}-\dfrac{13}{4}\right)$
$=-\dfrac{5}{6}-\dfrac{9}{4}-\dfrac{-28+5-26}{8}=-\dfrac{5}{6}-\dfrac{9}{4}-\dfrac{-49}{8}$
$=\dfrac{-20-54+147}{24}=\dfrac{73}{24}$

012 (1) **18°F**

(2) （都市名）**福島市**

（理由） 福島市の最高気温と最低気温の温度差は，

$$7.5-(-1.5)=9.0 \text{（℃）}$$

セ氏で **1℃** 上昇することはカ氏で **1.8°F** 上昇することと同じことだから，

$$9.0\times1.8=16.2 \text{（°F）}$$

ニューヨーク市では，

$$50.0-36.0=14.0 \text{（°F）}$$

同じカ氏で比較すると，福島市の方が温度差が **2.2°F** だけ大きい。

---

013 (1) **−42**　　(2) **−18**　　(3) **28**

(4) **−4**　　(5) $-\dfrac{7}{6}$　　(6) **−3**

(7) **0.65**　　(8) **−9**　　(9) $-\dfrac{3}{4}$

解説 $\oplus\times\oplus,\ \ominus\times\ominus\to\oplus$
$\oplus\times\ominus,\ \ominus\times\oplus\to\ominus$

---

014 (1) **24**　　(2) **−38.4**　　(3) **660**

(4) **−9**　　(5) **−8**　　(6) $\dfrac{16}{27}$

解説 3つ以上の数の積は，
負が奇数個 → $\ominus$，偶数個 → $\oplus$

(3) 計算の順序を工夫すると楽である。
$$(-3)\times(-4)\times(-5)\times(-11)$$
$$=\underset{\substack{\smile\\ \oplus符号\ 偶数個だから}}{+}\{(3\times11)\times(4\times5)\}=33\times20=660$$

(4) 分数に直して計算すると楽である。
$$8\times(-0.3)\times(-0.75)\times(-5)$$
$$=\underset{\substack{\smile\\ \ominus符号\ 奇数個だから}}{-}\left(8\times\frac{3}{10}\times\frac{3}{4}\times5\right)=-9$$

---

015 (1) **−5**　　(2) **13**　　(3) **−4**

(4) $-\dfrac{1}{12}$　　(5) $-\dfrac{3}{4}$　　(6) **−18**

(7) $-\dfrac{27}{2}$　　(8) $-\dfrac{8}{3}$　　(9) **−0.2**

解説 $\oplus\div\oplus,\ \ominus\div\ominus\to\oplus$
$\oplus\div\ominus,\ \ominus\div\oplus\to\ominus$

---

016 (1) $-\dfrac{9}{2}$　　(2) **−0.06**　　(3) **90**

(4) **4**　　(5) $-\dfrac{1}{2}$　　(6) $-\dfrac{2}{7}$

(7) $\dfrac{5}{8}$　　(8) $-\dfrac{2}{5}$

解説 商も負が奇数個 → $\ominus$，偶数個 → $\oplus$

(1) $9\div6\div\left(-\dfrac{1}{3}\right)=\underset{\substack{\smile\\ \ominus符号\ 奇数個だから}}{-}\left(9\div6\div\dfrac{1}{3}\right)$

$$=-\left(9\times\frac{1}{6}\times3\right)=-\frac{9}{2}$$

(2) $(-0.36)\div2\div3=-(0.36\div2\div3)$
$$=-(0.36\div6)=-0.06$$

(3) $(-13.5)\div0.5\div(-0.3)=\underset{\substack{\smile\\ \oplus符号\ 偶数個だから}}{+}(13.5\div0.5\div0.3)$
$$=+(27\div0.3)=+90$$

(5) $\left(-\dfrac{5}{6}\right)\div(-3)\div\left(-\dfrac{5}{9}\right)=-\left(\dfrac{5}{6}\div3\div\dfrac{5}{9}\right)$
$$=-\left(\frac{5}{6}\times\frac{1}{3}\times\frac{9}{5}\right)=-\frac{1}{2}$$

(7) $\left(-\dfrac{5}{2}\right)\div\dfrac{10}{3}\div\left(-\dfrac{6}{5}\right)=+\left(\dfrac{5}{2}\div\dfrac{10}{3}\div\dfrac{6}{5}\right)$
$$=\frac{5}{2}\times\frac{3}{10}\times\frac{5}{6}=\frac{5}{8}$$

---

017 (1) **9**　　(2) **−9**　　(3) **−9**

(4) **−27**　　(5) **−27**　　(6) $-\dfrac{1}{8}$

(7) $\dfrac{1}{8}$　　(8) $\dfrac{1}{8}$　　(9) $-\dfrac{1}{8}$

解説 負の数の累乗…偶数乗なら $\oplus$，奇数乗なら $\ominus$

(1) $(-3)^2=\underset{\substack{\smile\\ 偶数乗}}{+9}$

(2) $-(+3)^2=\underset{\substack{\wedge\\ (+3)^2=9}}{-9}$

(3) $\quad -3^2 = \underset{\underset{\displaystyle 3^2=9}{\textstyle\wedge}}{-9}$

(4) $\quad (-3)^3 = \underset{\underset{\displaystyle 奇数乗}{\textstyle\wedge}}{-27}$

(5) $\quad -3^3 = \underset{\underset{\displaystyle 3^3=27}{\textstyle\wedge}}{-27}$

(6) $\quad \dfrac{1}{(-2)^3} = \dfrac{1}{\underset{\underset{\displaystyle (-2)^3 は奇数乗だから \ominus}{}}{-8}}$

(7) $\quad -\dfrac{(-1)}{2^3} = \dfrac{1}{2^3} = \dfrac{1}{8}$

(8) $\quad -\left(-\dfrac{1}{2}\right)^3 = -\left(-\dfrac{1}{8}\right) = \dfrac{1}{8}$

$\underset{\underset{\displaystyle \left(-\frac{1}{2}\right)^3 は奇数乗だから \ominus}{}}{}$

(9) $\quad -\dfrac{1}{2^3} = \underset{\underset{\displaystyle \frac{1}{2^3}=\frac{1}{8}}{\textstyle\wedge}}{-\dfrac{1}{8}}$

⏎ 得点アップ

乗法や 016 の除法，017 の累乗では，
まず正負の判断を先にしてしまえば符号ミスを
防げる。

---

018 (1) **20**　　(2) $\dfrac{3}{2}$　　(3) **−6**

(4) $-\dfrac{1}{6}$　　(5) $\dfrac{7}{5}$　　(6) **1**

解説 わり算はかけ算に直す。

(4) $\quad -\dfrac{3}{10} \div \dfrac{4}{5} \times \left(-\dfrac{2}{3}\right)^2 = -\dfrac{3 \times 5 \times 2^2}{10 \times 4 \times 3^2} = -\dfrac{1}{6}$

(5) $\quad \dfrac{4}{5} \div (-2)^2 \times 7 = \dfrac{4 \times 7}{5 \times 4} = \dfrac{7}{5}$

(6) $\quad \dfrac{1}{2} \div \left\{2 \times \left(-\dfrac{1}{2}\right)^2\right\} = \dfrac{1}{2} \div \left(2 \times \dfrac{1}{2^2}\right) = \dfrac{1}{2} \div \dfrac{1}{2} = 1$

---

019 (1) **−3**　　(2) **−1**　　(3) **−15**

(4) **−36**　　(5) **9**　　(6) $\dfrac{5}{4}$

(7) $-\dfrac{7}{8}$　　(8) **7**　　(9) **28**

解説 ×，÷ を ＋，− より先に計算する。

(1) $\quad 7 + 5 \times (-2) = 7 + (-10) = -3$

(4) $\quad -6^2 \div 2 - 2 \times (-3)^2$

$\quad = -36 \div 2 - 2 \times 9 = -18 - 18 = -36$

---

(5) $\quad -3^2 \times \left(-\dfrac{7}{10}\right) + 4.8 \div \left(-\dfrac{4}{3}\right)^2$

$\quad = -9 \times \left(-\dfrac{7}{10}\right) + 4.8 \div \dfrac{16}{9}$

$\quad = \dfrac{63}{10} + \dfrac{48}{10} \times \dfrac{9}{16} = \dfrac{63}{10} + \dfrac{27}{10} = \dfrac{90}{10} = 9$

(6) $\quad \dfrac{3}{2} + \dfrac{1}{6} \div \left(-\dfrac{2}{3}\right) = \dfrac{3}{2} - \dfrac{1}{6} \times \dfrac{3}{2} = \dfrac{3}{2} - \dfrac{1}{4}$

$\quad = \dfrac{6-1}{4} = \dfrac{5}{4}$

(7) $\quad \dfrac{1}{4} - 3 \times \left(\dfrac{7}{8} - \dfrac{1}{2}\right) = \dfrac{1}{4} - 3 \times \left(\dfrac{7-4}{8}\right) = \dfrac{1}{4} - 3 \times \dfrac{3}{8}$

$\underset{\underset{\displaystyle かっこ内の計算が先}{\displaystyle かっこがある場合，}}{}$

$\quad = \dfrac{1}{4} - \dfrac{9}{8} = \dfrac{2-9}{8} = -\dfrac{7}{8}$

(8) $\quad -3^2 \times \dfrac{7}{16} + (-5)^2 \div \dfrac{16}{7}$

$\quad = -9 \times \dfrac{7}{16} + 25 \times \dfrac{7}{16}$

$\quad = (25-9) \times \dfrac{7}{16} = 16 \times \dfrac{7}{16} = 7$

(9) $\quad 32 : (\quad 2^4) + (-3)^3 \times \dfrac{5}{36} \div \left(-\dfrac{1}{8}\right)$

$\quad = 32 \div (-16) + (-27) \times \dfrac{5}{36} \times (-8)$

$\quad = -2 + 30 = 28$

---

020 ① 交換法則　② 結合法則

③ 交換法則　④ 結合法則

⑤ 分配法則　⑥ 分配法則

021

	加法	減法	乗法	除法
自然数	○	×	○	×
整　数	○	○	○	×
すべての数	○	○	○	○

解説 自然数の減法は，例えば，

$1 - 3 = -2$（自然数ではない整数）

となり，自然数の中で計算が行えるとはいえない。
自然数（整数）の除法は，例えば，

$1 \div 3 = \dfrac{1}{3}$（自然数（整数）ではない数）となり，自

然数（整数）の中で計算が行えるとはいえない。

022 (1) $(x, y) = (20, 240), (60, 80)$

(2) (x, y, z)
$= (10, 20, 30), (10, 20, 60),$
$(10, 30, 60), (20, 30, 60)$

解説 (1) 最大公約数が 20 だから,
$$x = 20x', \quad y = 20y'$$
(ただし, x', y' は 1 以外に公約数をもたず, $x' < y'$) と表される。
このとき, 最小公倍数は $20x'y'$ となるから,
$$20x'y' = 240$$
$$x'y' = 12$$
$x' < y'$ から, $(x', y') = (1, 12), (3, 4)$
よって, 求める x, y の組は,
$$(x, y) = (20, 240), (60, 80)$$

(2) 最大公約数が $10 = 2 \times 5$,
最小公倍数が $60 = 2^2 \times 3 \times 5$ より, x, y, z はそれぞれ, 1, 2, 2^2, 3, 5
の中から選んだ数の積で表されることになる。

x, y, z のいずれにもふくまれる数である「最大公約数」が $10 = 2 \times 5$ なのだから, x, y, z のいずれにも 2 と 5 を素因数にもつ。すなわち, 10 の倍数であるということがわかる。

あとは, 素因数の 5 は 1 つしかないので, $x < y < z$ より, 残りの素因数 1, 2, 3 の組み合わせで, x, y, z を決定していけばよい。

(i) $x = 10$ のとき
$y = 10 \times (1 \times 2) = 20$, $z = 10 \times (1 \times 3) = 30$
$y = 10 \times (1 \times 2) = 20$, $z = 10 \times (2 \times 3) = 60$
$y = 10 \times (1 \times 3) = 30$, $z = 10 \times (2 \times 3) = 60$

(ii) $x = 20$ のとき
$y = 10 \times (1 \times 3) = 30$, $z = 10 \times (2 \times 3) = 60$
よって, (i), (ii) より, 求める x, y, z の組は,
$$(x, y, z) = (10, 20, 30), (10, 20, 60),$$
$$(10, 30, 60), (20, 30, 60)$$

023 193 個

解説 A は, 素因数に 2 と 5 があるから, $2 \times 5 = 10$ をふくむ 10 の倍数である。
偶数は 2 の倍数であるから, 5 の倍数と 5 の累乗の倍数が 1～777 の間にいくつふくまれているかを数えれば, A が $2 \times 5 = 10$ で何回わり切ることができるかがわかる。

$777 \div 5$ の商は 155
$777 \div 5^2$ の商は 31
$777 \div 5^3$ の商は 6
$777 \div 5^4$ の商は 1
であるから, 求める 0 の個数は,
$$155 + 31 + 6 + 1 = 193 (個)$$

024 (1) -8 (2) 2 (3) 51
(4) -62 (5) 1 (6) 2
(7) -8 (8) 0 (9) 5

解説 (1) $-4 + 8 \div (-2) = -4 - 4 = -8$

(2) $4 - 0.25^2 \times 8 \div (-0.5)^2 = 4 - \left(\frac{1}{4}\right)^2 \times 8 \div \left(-\frac{1}{2}\right)^2$
$$= 4 - \frac{1 \times 8 \times 4}{16 \times 1 \times 1} = 4 - 2 = 2$$

(3) $6^3 \div (-3)^2 - (-3)^3 = \frac{6 \times 6 \times 6}{3 \times 3} - (-27)$
$$= 24 + 27 = 51$$

(5) $(2^3 - 3^2) \times (-1)^5 = (8 - 9) \times (-1)$
$$= (-1) \times (-1) = 1$$

(6) $(-2)^3 + \{9 - (-7)^2\} \div (-4)$
$= -8 + (9 - 49) \div (-4) = -8 + (-40) \div (-4)$
$= -8 + 10 = 2$

(8) $(-2)^2 \times (-2^2) \times \left(\frac{3}{2}\right)^2 + (-2 \times 3)^2$
$= 4 \times (-4) \times \frac{9}{4} + (-6)^2 = -36 + 36 = 0$

(9) $\left\{-2^2 - (-3)^3 \times \left(-\frac{1}{3}\right)^2\right\} - 4 \div \left(-\frac{2}{3}\right)$
$= \left\{-4 - (-27) \times \frac{1}{9}\right\} + 4 \times \frac{3}{2} = (-4 + 3) + 4 \times \frac{3}{2}$
$= -1 + 6 = 5$

025 (1) $\frac{8}{3}$ (2) $\frac{2}{5}$ (3) $-\frac{14}{5}$
(4) 22 (5) $\frac{9}{8}$ (6) $\frac{3}{20}$
(7) $-\frac{25}{24}$ (8) 6

解説 (1) $(-2)^2 + \left(-\frac{3}{2}\right) \div \frac{9}{8} = 4 - \frac{3}{2} \times \frac{8}{9} = 4 - \frac{4}{3}$
$$= 4\left(1 - \frac{1}{3}\right) = 4 \times \frac{2}{3}$$
$$= \frac{8}{3}$$

(4) $\dfrac{65}{18} \div \left(\dfrac{7}{9} - \dfrac{3}{2}\right) - \dfrac{63}{4} \times \left(-\dfrac{12}{7}\right)$

$= \dfrac{65}{18} \div \left(\dfrac{14-27}{18}\right) + \dfrac{63}{4} \times \dfrac{12}{7} = -\dfrac{65}{18} \times \dfrac{18}{13} + 27$

$= -5 + 27 = 22$

(5) $\left(-\dfrac{3}{2}\right)^3 \div 3^2 + \left(1 - \dfrac{5}{2^3}\right) \times (-2)^2$

$= -\dfrac{3^3}{2^3} \times \dfrac{1}{3^2} + \dfrac{8-5}{2^3} \times 2^2 = -\dfrac{3}{8} + \dfrac{3}{2} = 3\left(\dfrac{1}{2} - \dfrac{1}{8}\right)$

$= 3 \times \dfrac{4-1}{8} = \dfrac{9}{8}$

(6) $\left\{0.125 - \dfrac{3}{16} + \left(-\dfrac{1}{2}\right)^5\right\} \div \left(\dfrac{9}{8} - 1.75\right)$

$= \left(\dfrac{125}{1000} - \dfrac{3}{16} - \dfrac{1}{32}\right) \div \left(\dfrac{9}{8} - \dfrac{175}{100}\right)$

$= \left(\dfrac{1}{8} - \dfrac{3}{16} - \dfrac{1}{32}\right) \div \left(\dfrac{9}{8} - \dfrac{7}{4}\right) = \dfrac{4-6-1}{32} \div \dfrac{9-14}{8}$

$= -\dfrac{3}{32} \div \left(-\dfrac{5}{8}\right) = \dfrac{3}{32} \times \dfrac{8}{5} = \dfrac{3}{20}$

(7) $\left\{\left(\dfrac{2}{3}\right)^2 \times \left(-\dfrac{3}{8}\right) + 0.2 \times 3.5\right\} \div (-0.8)^3$

$= \left(-\dfrac{4}{9} \times \dfrac{3}{8} + \dfrac{2}{10} \times \dfrac{35}{10}\right) \div \left(-\dfrac{8}{10}\right)^3$

$= \left(-\dfrac{1}{6} + \dfrac{7}{10}\right) \div \left(-\dfrac{4}{5}\right)^3 = \dfrac{-5+21}{30} \div \left(-\dfrac{4^3}{5^3}\right)$

$= \dfrac{16}{30} \div \left(-\dfrac{4^3}{5^3}\right) = -\dfrac{8}{15} \times \dfrac{5^3}{4^3} = -\dfrac{2 \times 5^2}{3 \times 4^2} = -\dfrac{25}{24}$

(8) $\dfrac{1}{2}\left\{2 \div \left(\dfrac{1}{2}\right)^3 + \dfrac{1}{2} \times (-2)^3\right\}$

$= \dfrac{1}{2}\left\{2 \times 2^3 + \dfrac{1}{2} \times (-2)^3\right\}$

$= 2^3 + \dfrac{1}{2^2} \times (-2^3) = 2^3 - 2 = 8 - 2 = 6$

---

026 (1) 赤城山…**＋379 m**

妙義山…**−345 m**

(2) **51 点**

解説 (1) 榛名山の高さを基準の 0 m とすると赤城山の高さを基準の 0 m としたときより，＋379 m 高くなっているから，

赤城山の高さは，$0 + 379 = +379$（m）

妙義山の高さは，$-724 + 379 = -345$（m）

と表せる。

(2) 平均点は，B の得点より 3 点低いので，

$62 - 3 = 59$（点）

したがって，A の得点は，$59 - 8 = 51$（点）

---

027 **エ**

解説 ⑦…3 の絶対値は 3，−7 の絶対値は 7 なので誤り。

⑦…$x = 0$ のとき $|x| = 0$ となるので，誤り。

⑨…20 以下の素数は，2，3，5，7，11，13，17，19 の 8 個なので誤り。

⑨…−1.5 より大きく，3.2 より小さい整数は −1，0，1，2，3 の 5 個で，正しい。

⑦…$|a| > 2$ となる整数の値は，…，−5，−4，−3，3，4，5，…なので，誤り。

---

028 **2 点**

解説 A，B，C，D の得点はそれぞれ，−4，＋8，−2，＋6 点であるから，4 人の平均は，

$\dfrac{-4+8-2+6}{4} = \dfrac{8}{4} = 2$（点）

---

029 (1) ① **2, 4**　　② **−3, 4**

(2) S の最大値…**130**

S の最小値…**110**

解説 (1) ① 積が最も大きくなる 2 数は，同符号で積の絶対値が大きい 2 数を選ぶ。

② 積が最も小さくなる 2 数は，異符号で積の絶対値が大きい 2 数を選ぶ。

(2) 最大値は，

$1 \times 6 + 2 \times 7 + 3 \times 8 + 4 \times 9 + 5 \times 10 = 130$

最小値は，

$1 \times 10 + 2 \times 9 + 3 \times 8 + 4 \times 7 + 5 \times 6 = 110$

---

030 (1) ア…**−3**　　イ…**8**　　ウ…**6**

エ…**2**　　オ…**−2**

(2) **3℃**

解説 (1) わかるところから求めていく。

まず，縦，横，ななめ，それぞれの 3 つの数の和は，$3 + (-4) + 7 = 6$ であることがわかる。したがって，

$1 + オ + 7 = 6$　より，$オ = -2$

$1 + エ + 3 = 6$　より，$エ = 2$

$ウ + エ + オ = 6$　より，$ウ = 6$

$ア + ウ + 3 = 6$　より，$ア = -3$

$ア + イ + 1 = 6$　より，$イ = 8$

(2) $-2 + 5 = 3$（℃）

031 6

解説 $12 = 2 \times 2 \times 3$ より，
$$b^2 = 2 \times 2 \times 3 \times a$$
したがって，b^2 が最小になるのは $a = 3$ のときであるので，
$$b^2 = 2 \times 2 \times 3 \times 3 = 6 \times 6 = 6^2$$
よって，$b = 6$

032 (1) 0　　(2) $n = 144$

解説 (1)　$72 = 2^3 \times 3^2$ だから，
$$[72] = 4 \times 3 = 12$$
$18 = 2 \times 3^2$ だから，$[18] = 2 \times 3 = 6$
$$[[72]] = [12] = 6$$
したがって，$[72] - [[72]] - [18] = 12 - 6 - 6 = 0$
(2)　$15 = 5 \times 3 = (4+1) \times (2+1)$ だから，
$n = a^4 b^2$（a と b は異なる素数）の形で書ける。
このうち，最小のものは，$a = 2$，$b = 3$ のときであるから，$n = 2^4 \times 3^2 = 144$

033 (1) 52　　(2) $n = 3$, 5, 11, 89
　　　(3) $\dfrac{110}{21}$
　　　(4) 個数…8 個　　総和…120

解説 (1)　$117 = 3^2 \times 13$ なので，これに偶数をかけて自然数の 2 乗にするためには，$2^2 \times 13 = 52$ をかければ最小のものとなる。
(2)　$455 = 5 \times 7 \times 13$ だから，
$n + 2 = 5$, 7, 13, 5×7, 5×13, 7×13, $5 \times 7 \times 13$
よって，$n = 3$, 5, 11, 33, 63, 89, 453
この中で素数のものは，$n = 3$, 5, 11, 89
(3)　n は 55 と 22 の最小公倍数なので，110
m は 168 と 315 の最大公約数なので，21
(4)　$54 = 2 \times 3^3$ より，
正の約数の個数は，
$$(1+1) \times (3+1) = 2 \times 4 = 8$$
正の約数の総和は，
$$(1+2)(1+3+3^2+3^3) = 3 \times 40 = 120$$

034 (1) 7 個　　(2) 14 個　　(3) 8128

解説 (1)　64 を素因数分解すると，$64 = 2^6$ となる。
よって，正の約数は 1, 2, 2^2, 2^3, 2^4, 2^5, 2^6
より，7 個である。　←1 も正の約数

(2)　p は 2 と異なる素数であるから $64p = 2^6 \times p$ と素因数分解される。よって，正の約数は，
1, 2, 2^2, 2^3, 2^4, 2^5, 2^6 と $1 \times p$，$2 \times p$，
$2^2 \times p$，$2^3 \times p$，$2^4 \times p$，$2^5 \times p$，$2^6 \times p$
の合計 14 個になる。
(3)　$64p$ の自分自身以外の正の約数の和は
$$(1 + 2 + 2^2 + 2^3 + 2^4 + 2^5 + 2^6)$$
$$+ (1 + 2 + 2^2 + 2^3 + 2^4 + 2^5)p = 127 + 63p \text{ となる。}$$
$64p$ が完全数になるためには，
$$64p = 127 + 63p$$
より，$p = 127$ となり，127 は素数であるから，求める完全数は，
$$64 \times 127 = 8128$$
である。

035 (1) 1023　　(2) 12 個

解説 (1)　$m = 31a$，$n = 31b$（$a < b$，a と b は 1 以外に公約数をもたない）とすると，
m，n の最小公倍数は $31ab$
また，$mn = 31a \times 31b$　…①
①より，最小公倍数 $31ab = \dfrac{mn}{31}$ を求めればよい。
よって，$mn = 31713$ のとき，
$$\frac{31713}{31} = 1023$$
(2)　(1)より，$n = 1116$ のとき，$n = 31b$ から，
$b = 36$ となる。
$a < b$ であり，a と 36 は 1 以外に公約数をもたないので，
$a = 1$, 5, 7, 11, 13, 17, 19, 23, 25, 29, 31, 35
よって，m のとりうる値は，12（個）

036 (1) 4 枚　　(2) 32 日目

解説 (1)　45
$$= 1 + 2 + 3 + 4 + 5 + 6 + 7 + 8 + 9$$
であるので，45 日目でちょうど 9 枚目を食べ終わる。
(2)　減る枚数とかかる日数についての関係を表にまとめると，下のようになる。

4 日目以降は 2 倍の速さで減る
ので 3 日で 2 枚減る↓

減る枚数	1	1	2	2	2	2	2
かかる日数	1	2	3	4	5	6	7

ここまでで 12 枚食べたことになる——→

残り1枚を2人で $\frac{1}{8}$ ずつ食べるから，

$$1 \div \left(\frac{1}{8} \times 2\right) = 4(日)$$

かかる。したがって，太郎さんが食べ始めてから，

$$1+2+3+4+5+6+7+4 = 32(日目)$$

で13枚食べ終わる。

---

037 (1) **16点**　　(2) **63点**

解説 (1)　$4-(-12)=16$(点)

(2)　平均点が72点なので，6人の合計点数は，

$$72 \times 6 = 432(点)$$

A，C，E，Fの得点はそれぞれ60，85，70，76なので，

$$432-(60+85+70+76)=\underset{\underset{\text{BとDの得点の合計}}{\smile}}{141}$$

Dの得点はBより15点低いので，

$$(141-15) \div 2 = 63(点)$$

---

038 (1) **1**

(2) ア…**3**　　イ…**2**　　ウ…**3**
　　エ…**0**　　オ…**2**

解説 (1)

1行目	1
2行目	1 1
3行目	1 2 1
4行目	1 3 3 1
5行目	1 0 2 0 1
6行目	1 1 2 2 1 1
7行目	1 2 3 0 3 2 1
8行目	1 3 1 3 3 1 3 1

図1の続きをかくと，上の図のようになるから，左から3番目の数は，1

(2)　規則④を使って，下の行から□を埋めると，右の図のようになる。

abcの下が21なので，abcは，023か110か201か332のいずれかである。また，わかる範囲で□を埋めていくと，abcの上が1□□2であることがわかるから，abcは201であることがわかる。

したがって，deは，13であり，ウが3であることがわかる。

---

2 文字と式

039 (1) **$5a$ g**　　(2) **$10a+b$**

(3) **$10a$ 円**

(4) **$(80a+50b+30c)$ 円**

(5) **$\dfrac{5a+6b}{11}$ kg**　　(6) **$(6+2a)$ cm**

(7) **Q店の方が $0.2a$ 円安い**

(8) **$\left(\dfrac{4}{3}a-b\right)$ 票**

解説 (7)　P店は5本 a 円で買うと6本もち帰れるから，$5a$ 円

Q店は1本 a 円の値段が $0.8a$ 円になるから，6本もち帰るには，$0.8a \times 6 = 4.8a$(円)

よって，Q店の方が，$5a-4.8a=0.2a$(円)安い。

(8)　全投票数は，生徒Aの得票数 a が全投票数の30%であることから，$\dfrac{100}{30}a$ 票

生徒Bの得票数は，$(a+b)$ 票であるから，生徒Cの得票数は，

$$\frac{100}{30}a-(a+a+b)=\frac{4}{3}a-b \ (票)$$

---

040 (1) **$\dfrac{5}{2}a$ cm**　　(2) **$y=80x+150$**

(3) **$a=7b+4$**　　(4) **$b=14-\dfrac{3}{2}a$**

(5) **$y=3x+5$**　　(6) **$(a-10b)$ m**

(7) **$(0.97a+1.07b)$ m³** (8) **$x=\dfrac{7}{3}b-\dfrac{4}{3}a$**

(9) **$(a-5b)$ km**　　(10) **$\dfrac{6a+5b}{11}$ 点**

(11) **$(3a-b)$ 枚**

解説 (1)　a を $\frac{1}{2}$ 倍にすると，1目盛りの長さになるから，その5倍にすればよい。

(2)　りんごの代金 ＋ かごの代金 ＝ 合計の代金
　　　$80 \times x$ ＋ 150 ＝ y

(3)　配った合計の冊数を考える。
　a と，$7 \times b+4$ が等しい。

(4)　食塩の量の関係を式で表す。

$$\frac{a}{100} \times \frac{3}{5} + \frac{b}{100} \times \frac{2}{5} = \frac{5.6}{100} \times 1$$

$$3a+2b=28$$

(7) A 支店の 8 月の使用量は,
$(1-0.03)a=0.97a$ (m³)
B 支店の 8 月の使用量は,
$(1+0.07)b=1.07b$ (m³)

(8) x (%) $=\left(\dfrac{b}{100}\times700-\dfrac{a}{100}\times400\right)\div300\times100$

食塩の量 ÷ 食塩水の量 ×100

であるから, $x=(7b-4a)\times\dfrac{1}{3}$

(10) 男子の得点の合計は, $18a$ 点
女子の得点の合計は, $15b$ 点
だから, クラスの総得点は, $(18a+15b)$ 点
クラスの人数は, $18+15=33$ (人)

(11) 折り紙の枚数は, a 人の生徒に 3 枚ずつ配った
枚数より b 枚少ないから, $(3a-b)$ 枚

---

041 (1) ① **15 試合**   ② $\dfrac{1}{2}n(n-1)$ **試合**

(2) $5m+n-5$

解説 (1) ① $1+2+3+4+5=15$
②   総試合数を S とおくと,
$$S=\quad 1\quad +\quad 2\quad +\cdots+(n-1)$$
$$+)\ S=(n-1)+(n-2)+\cdots+\quad 1\qquad \leftarrow 逆から加える$$
$$2S=\underbrace{n(n-1)}$$
└ n が $(n-1)$ 個

よって, $S=\dfrac{1}{2}n(n-1)$

(2) 上から m 番目の一番左の数は, $5m-4$ と表せ
るから, 左から n 番目の数は, その数に $(n-1)$
を加えればよい。
$(5m-4)+(n-1)=5m+n-5$

---

042 (1) **55 cm³**   (2) $(4n^2+2n)$**cm²**

解説 (1) $1+4+9+16+25=55$

(2)

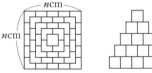

上から見たときの表面積と下から見たときの表面
積は等しいので, n 番目の立体は,
$$2\times n^2 \cdots①$$
↑ 上と下の2面
横から見たときの表面積は同じだから,
$$4\times(1+2+3+\cdots+n)\cdots②$$
↑ 4面

ここで, $S=1+2+3+\cdots+n$ とおくと,
$$S=1+\quad 2\quad +\quad 3\quad +\cdots+n$$
$$+)\ S=n+(n-1)+(n-2)+\cdots+1\qquad \leftarrow 逆から加える$$
$$2S=\underbrace{n(n+1)}$$
└ $n+1$ が n 個

より, $S=\dfrac{1}{2}n(n+1)$

したがって, ②は, $4\times\dfrac{1}{2}n(n+1)=2n(n+1)$

①と②を加えて,
$2n^2+2n(n+1)=2n^2+2n^2+2n=4n^2+2n$

---

043 (1) 6 段目…**36** n 段目…n^2

(2) **63 枚**

解説 (1)   各段の 1 番大きい数を見ると, 1, 4, 9,
…であるから, 6 段目の 1 番大きい数は, 36 であ
る。また, n 段目の 1 番大きい数は, n^2 となる。

(2) $1024=32^2$ であるから, (1)より, $n=32$ となり,
1024 は 32 段目の 1 番大きい数であることがわか
る。n 段目には $(2n-1)$ 個の数が並んでいるから,
$2\times32-1=63$

---

044 (1) **10**   (2) **10**   (3) **9**

---

045 (1) **9**   (2) **2**   (3) **6**   (4) **7**

解説 式を整理してから代入する。
(3) $3(a+b)-(a+4b)=2a-b$
(4) $3(x-y)-2(2x-y)-(-3x+y)=2x-2y$

---

046 **エ**

解説 アは, n が奇数のとき 6 の倍数ではない。
イは, n が 6 の倍数でないとき, 6 の倍数ではない。
ウは, $6n+3=3(2n+1)$ で $2n+1$ が奇数だから 6 の
倍数ではない。
エは, $6n-6=6(n-1)$ なので, いつでも 6 の倍数
となる。

---

047 (1) N は正の奇数なので, 自然数 n を
用いて
$N=2n-1$
と表せる。M は N を N 個加えた数
なので,

$$M = \underbrace{(2n-1)+(2n-1)+\cdots+(2n-1)}_{(2n-1)\text{個}}$$

$$= \underbrace{(2n+\cdots+2n)}_{(2n-1)\text{個}} + \underbrace{(-1-\cdots-1)}_{(2n-1)\text{個}}$$

$$= 2n(2n-1)+(-1)(2n-1)$$

$$= 4n^2-2n-2n+1 = 4n^2-4n+1$$

したがって，　$M-1 = 4n^2-4n$

$$= 4(n^2-n)$$

n は自然数なので，n^2-n は整数であるから，$4(n^2-n)$ は 4 の倍数である。

よって，$M-1$ は 4 の倍数である。

(2) 奇数から始まる連続する 3 つの整数を，整数 n を用いて，$2n+1$，$2n+2$，$2n+3$ とおく。この 3 数の和は，

$$(2n+1)+(2n+2)+(2n+3) = 6n+6$$

$$= 6(n+1)$$

n は整数なので，$n+1$ も整数であるから，$6(n+1)$ は 6 の倍数である。

よって，奇数から始まる連続する 3 つの整数の和は 6 の倍数である。

---

048 (1) $3a$　　(2) $4a$

(3) $2a-3b$　　(4) $2ab$

(5) $\dfrac{1}{6}a^2$　　(6) $-\dfrac{4}{7}x$

---

049 (1) $-x+2$　　(2) $-3a-5$

(3) $-3a-1$　　(4) $10y+3$

解説 かっこをはずす。

(4) $(8y-2)-(-2y-5)$

$= 8y-2+2y+5 = 10y+3$

---

050 (1) $4a-b$　　(2) $5x-4$

(3) $7a-2$　　(4) $8x+5y$

(5) $60a+4$　　(6) $-5a+3b$

解説 分配法則を用いる。

---

(1) $(8a-2b)\times\dfrac{1}{2} = 8a\times\dfrac{1}{2}-2b\times\dfrac{1}{2} = 4a-b$

(2) $(25x-20)\div 5 = 25x\div 5-20\div 5 = 5x-4$

(5) $8(7a+5)-4(9-a) = 56a+40-36+4a$

$$= 60a+4$$

(6) $2(-a+5b-3)-(3a+7b-6)$

$= -2a+10b-6-3a-7b+6$

$= -5a+3b$

---

051 (1) 学さんが走った距離

(2) $\dfrac{12(60+x)}{60} < \dfrac{15(40+x)}{60}$

解説 (1) 距離についての関係式をつくっている。

学さんが歩いた時間を x 分とするので，その距離は，$80x$ m

学さんが走った時間は，$(12-x)$ 分だから，その距離は，$160(12-x)$ m

これらを合わせると，1200 m になる。

(2) A は，$(60+x)$ m／分 の速さだから，

A の長さは，$\dfrac{12(60+x)}{60}$ m である。

B は，$(40+x)$ m／分 の速さだから，

B の長さは，$\dfrac{15(40+x)}{60}$ m である。

よって，$\dfrac{12(60+x)}{60} < \dfrac{15(40+x)}{60}$

---

052 (1) $\dfrac{x+y}{6}$　　(2) $\dfrac{a+b}{12}$

(3) $\dfrac{3}{8}x$　　(4) $\dfrac{x+1}{2}$

(5) $-4x+28$　　(6) $\dfrac{7x+13}{12}$

(7) $4a+1$　　(8) $\dfrac{1}{2}x+\dfrac{2}{3}y$

(9) $x+3y$　　(10) $-\dfrac{1}{2}x-\dfrac{2}{3}y$

(11) $\dfrac{11a-5b}{6}$　　(12) $-\dfrac{1}{4}y$

(13) $\dfrac{7x-2}{3}$

解説 (1) $\dfrac{3x-y}{2}-\dfrac{4x-2y}{3} = \dfrac{9x-3y-8x+4y}{6}$

$$= \dfrac{x+y}{6}$$

(2) $\dfrac{4}{3}a-\dfrac{3a+b}{6}-\dfrac{3a-b}{4}$

$$= \frac{16a - 6a - 2b - 9a + 3b}{12} = \frac{a+b}{12}$$

(4) $2x + 1 - \dfrac{3x+1}{2}$

$$= \frac{4x + 2 - 3x - 1}{2} = \frac{x+1}{2}$$

(7) $6\left(\dfrac{2a-1}{2} - \dfrac{a-2}{3}\right)$

$$= 6 \times \frac{2a-1}{2} - 6 \times \frac{a-2}{3} = 3(2a-1) - 2(a-2)$$

$$= 6a - 3 - 2a + 4 = 4a + 1$$

(9) $5\left(\dfrac{x}{3} + \dfrac{y}{2}\right) - (4x - 3y) \times \dfrac{1}{6}$

$$= 5\left(\frac{2x + 3y}{6}\right) - \frac{4x - 3y}{6} = \frac{10x + 15y - 4x + 3y}{6}$$

$$= \frac{6x + 18y}{6} = x + 3y$$

(10) $\dfrac{1}{6}x - y - \dfrac{2x-y}{3} = \dfrac{x - 6y - 4x + 2y}{6}$

$$= \frac{-3x - 4y}{6} = -\frac{1}{2}x - \frac{2}{3}y$$

(12) $\dfrac{2x+3y}{4} - \dfrac{5x-2y}{6} - \dfrac{4y-x}{3}$

$$= \frac{6x + 9y - 10x + 4y - 16y + 4x}{12}$$

$$= -\frac{3}{12}y = -\frac{1}{4}y$$

└─ 約分して答える

(13) $\dfrac{1}{12}(7x - 2) + \dfrac{1}{4}(-2 + 7x)$

$$= \frac{7x - 2 - 6 + 21x}{12} = \frac{28x - 8}{12} = \frac{7x - 2}{3}$$

└─ 約分して答える

---

053 (1) -1 (2) 60 (3) -24

解説 (1) $12x^2 y^2 \div (-4x) = -3xy^2$

$$= -3 \times \frac{1}{3} \times (-1)^2 = -1$$

(2) $4x^2 y^3 \div 8xy \times 6x = 3x^2 y$

$$= 3 \times (-2)^2 \times 5 = 60$$

(3) $(3x^3 y)^2 \div 4xy = \dfrac{9x^5 y}{4}$

$$= \frac{9}{4} \times (-2)^5 \times \frac{1}{3} = -24$$

---

054 (1) $\dfrac{1}{36}$ (2) 18 (3) $-\dfrac{81}{8}$

解説 (1) $\dfrac{x+y}{2} - \dfrac{3x-5y}{3} - 3y$

$$= \frac{3x + 3y - 6x + 10y - 18y}{6} = \frac{-3x - 5y}{6}$$

$$= \left\{-3 \times \frac{1}{2} - 5 \times \left(-\frac{1}{3}\right)\right\} \div 6 = \left(-\frac{3}{2} + \frac{5}{3}\right) \div 6$$

$$= \frac{1}{6} \div 6 = \frac{1}{36}$$

(2) $\left(\dfrac{2}{3}x^2 y\right)^2 \times (xy^2)^3 \div (2xy)^4$

$$= \frac{\dfrac{2^2}{3^2}x^4 y^2 \times x^3 y^6}{2^4 x^4 y^4} = \frac{x^3 y^4}{3^2 \times 2^2} = \frac{2^3 \times 3^4}{3^2 \times 2^2} = 2 \times 3^2 = 18$$

(3) $\dfrac{1}{18}a^2 b^3 \div \left(-\dfrac{1}{2}ab^2\right)^2 \times \left(-\dfrac{3}{2}ab\right)^3$

$$= -\frac{\dfrac{1}{18}a^2 b^3 \times \dfrac{3^3}{2^3}a^3 b^3}{\dfrac{1}{2^2}a^2 b^4} = -\left(\frac{1}{18} \times \frac{3^3}{2^3} \div \frac{1}{2^2}\right) \times a^3 b^2$$

$$= -\left(\frac{1}{2 \times 3^2} \times \frac{3^3}{2^3} \times 2^2\right) \times \left\{\frac{3^3}{2^3} \times (-2)^2\right\} = -\frac{3^4}{2^3} = -\frac{81}{8}$$

---

055 (1) $(6-a)$ km (2) $xy > 200$

(3) $\dfrac{x}{3} - \dfrac{x}{15} \geqq \dfrac{1}{3}$

解説 (1)

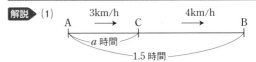

途中，速度を変えた地点を C 地点とすると，A地点から C 地点までの道のりは，$3a$ km

C 地点から B 地点までは，$(1.5-a)$ 時間 かかっているから，その道のりは，$4(1.5-a)$ km

よって，$3a + 4(1.5 - a) = 6 - a$ (km)

(2) 毎分 x L で y 分ためると，200 L よりたまっているということであるから，$xy > 200$

(3)

15 km/h，3 km/h で x km 進むのにかかる時間は，それぞれ $\dfrac{x}{15}$ 時間 …① $\dfrac{x}{3}$ 時間 …②

①が②より 20 分 $\left(= \dfrac{1}{3}\text{ 時間}\right)$ 以上少ないから，

$$\frac{x}{3} - \frac{x}{15} \geqq \frac{1}{3}$$

056 (1) エ

(2) $\ell n + 2\ell$ （$\ell(n+2)$ でも可）

解説 (1) 下の図のように，正方形を重ねないときの全体の周の長さは，$4a \times n = 4an$ (cm)

問題の［きまり］にしたがって正方形を重ねると，周の長さに含めない部分は $\dfrac{a}{2} \times 4 = 2a$ (cm) であり，これが $(n-1)$ か所あるのだから，全部で $2a \times (n-1) = 2a(n-1)$ (cm)

よって，L は，

$L = 4an - 2a(n-1) = 2an + 2a$ (cm)

となる。

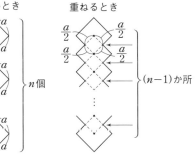

重ねないとき　　重ねるとき

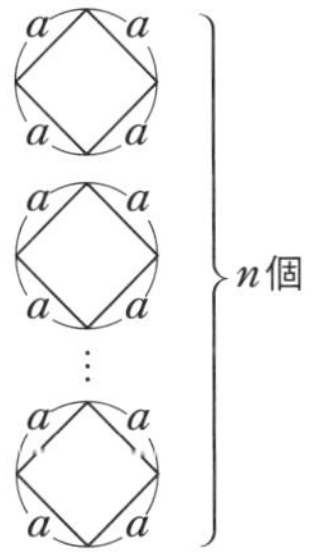

【参考】規則性を使って求めることもできる。

正方形が 2 枚のときは，$\dfrac{a}{2}$ の部分が 4 か所あるので，これらの長さをたすと，$\dfrac{a}{2} \times 4 = 2a$ (cm)

正方形が 3 枚のときは，$\dfrac{a}{2}$ の部分が 8 か所あるので，これらの長さをたすと $\dfrac{a}{2} \times 8 = 4a$ (cm)

2 枚のとき，$2a \times (2-1)$ (cm)

3 枚のとき，$2a \times (3-1)$ (cm)

と考えれば，n 枚のときは $2a \times (n-1)$ (cm) と表すことができる。よって，全体の長さ L は，

$4a + 2a \times (n-1) = 2an + 2a$ (cm)

としてもよい。

(2) 右上の図において，円を重ねない場合の全体の長さ M は $M = \ell \times n = \ell n$ (cm)

また，半径が等しい円を重ねるのだから，図の斜線部分の三角形は正三角形であり，周の長さに含めない部分の 1 つの弧の中心角の大きさは $120°$ とわかる。

重なっている部分の 1 つの弧の長さは，

$\ell \times \dfrac{120}{360} = \dfrac{\ell}{3}$ (cm)

これが 2 つあるので，重なった部分での弧の長さは，$\dfrac{\ell}{3} \times 2 = \dfrac{2}{3}\ell$ (cm)

(1)と同様に考えて，これが $(n-1)$ か所あるのだから，重なった部分の全体の長さは，

$\dfrac{2}{3}\ell \times (n-1) = \dfrac{2}{3}\ell(n-1)$ (cm)

よって，求める M は，

$M = \ell n - \dfrac{2}{3}\ell(n-1) = \ell n - \dfrac{2}{3}\ell n + \dfrac{2}{3}\ell$

$= \dfrac{1}{3}\ell n + \dfrac{2}{3}\ell = \dfrac{\ell n + 2\ell}{3}$ (cm)

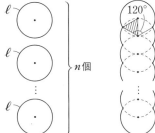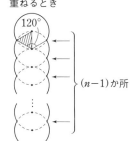

重ねないとき　　重ねるとき

⊅ 得点アップ

(1)では選択式で答えさせるが，このような出題形式の場合は，それぞれの選択肢が問題の条件に合うかどうかを吟味する方がはやく見つけられる場合がある。本問の場合では，

$n = 2$ のとき，$L = 6a$

$n = 3$ のとき，$L = 8a$

であるところまでは問題文で述べられており，これを利用するとよい。すなわち，

ア…$4an$ は，$n = 2$ のとき $8a$ となって合わない。

イ…$a(n+4)$ は，$n = 3$ のとき $7a$ となって合わない。

ウ…$2a(n+2)$ は，$n = 2$ のとき $8a$ となって合わない。また $n = 3$ のときは $10a$ となって合わない。

エ…$n = 2$ のときは $L = 6a$，$n = 3$ のときは $L = 8a$ となるので，これが正解である。

057

(1) $a+b=x+y$, $\quad a-b=\dfrac{2}{3}(x-y)$

(2) $\dfrac{35x+19y}{54}$ %

解説

食塩の量：x g　　　　食塩の量：y g

↓

① A から 20 g を取り出し，B に移し，よくかき混ぜる。

食塩の量：$\dfrac{4}{5}x$ g　　　食塩の量：$\left(y+\dfrac{1}{5}x\right)$ g

└A の食塩水の $\dfrac{1}{5}$ を取り出すので，

残った食塩は $\dfrac{4}{5}$ 倍

② B から食塩水 20 g を取り出し，A に移し，よくかき混ぜる。

食塩の量：　　　　　食塩の量：

$\left\{\dfrac{4}{5}x+\dfrac{1}{6}\left(y+\dfrac{1}{5}x\right)\right\}$ g　$\dfrac{5}{6}\left(y+\dfrac{1}{5}x\right)$ g

└B の食塩水の $\dfrac{1}{6}$ を取り出すので，残った食塩は $\dfrac{5}{6}$ 倍

(1) A の食塩の量は，

$\dfrac{4}{5}x+\dfrac{1}{6}\left(y+\dfrac{1}{5}x\right)=\left(\dfrac{4}{5}+\dfrac{1}{30}\right)x+\dfrac{1}{6}y=\dfrac{25}{30}x+\dfrac{1}{6}y$

$=\dfrac{5}{6}x+\dfrac{1}{6}y$ (g)

B の食塩の量は，$\dfrac{5}{6}\left(y+\dfrac{1}{5}x\right)=\dfrac{1}{6}x+\dfrac{5}{6}y$ (g)

となり，A と B の食塩水の量はともに 100g なので，食塩の量と濃度(%)は一致する。

$a=\dfrac{5}{6}x+\dfrac{1}{6}y$, $\quad b=\dfrac{1}{6}x+\dfrac{5}{6}y$

よって，$a+b=\left(\dfrac{5}{6}x+\dfrac{1}{6}y\right)+\left(\dfrac{1}{6}x+\dfrac{5}{6}y\right)=x+y$

$a-b=\left(\dfrac{5}{6}x+\dfrac{1}{6}y\right)-\left(\dfrac{1}{6}x+\dfrac{5}{6}y\right)=\dfrac{2}{3}(x-y)$

(2) この操作を 2 回繰り返した後の A，B の濃度をそれぞれ c %，d %とすると，(1)の結果より，

$c+d=a+b=x+y$

$c-d=\dfrac{2}{3}(a-b)=\dfrac{2}{3}\times\dfrac{2}{3}(x-y)$

3 回繰り返した後の A，B の濃度をそれぞれ e %，f %とすると，同様にして，

$e+f=c+d=a+b=x+y$

$e-f=\dfrac{2}{3}(c-d)=\dfrac{2}{3}\times\dfrac{2}{3}(a-b)$

$\qquad=\dfrac{2}{3}\times\dfrac{2}{3}\times\dfrac{2}{3}(x-y)$

よって，

$e+f=x+y$ …㋐

$e-f=\dfrac{8}{27}(x-y)$ …㋑

(㋐＋㋑)÷2 より，求める A の濃度 e % は，

$e=\dfrac{1}{2}\left\{(x+y)+\dfrac{8}{27}(x-y)\right\}$

$=\dfrac{1}{2}\times\dfrac{27x+27y+8x-8y}{27}=\dfrac{35x+19y}{54}$ (%)

058

(1) **15**

(2) ① $10x+7007$

② 個数…5 個　　最大…$x=91$

解説

(1) $\left.\begin{array}{l}100x+10y+z\\100x+10z+y\\100y+10x+z\\100y+10z+x\\100z+10x+y\\100z+10y+x\end{array}\right\}$ が 6 つの数である。これらを加えると，

$100(2x+2y+2z)+10(2x+2y+2z)$
$+(2x+2y+2z)$

$=(200+20+2)(x+y+z)=222(x+y+z)$

この値が 3330 であるから，$222(x+y+z)=3330$

よって，$x+y+z=15$

(2) ① x を 10 倍して，桁数を 1 つくり上げて，千の位を 7，一の位を 7 にするから，

$10x+7007$

② $\underset{\underset{\text{わり切れる}}{\underset{\llcorner x で}{}}}{10x}+\underset{\underset{x でわり切れなければならない}{\llcorner x で}}{7007}$ が x でわり切れるようにするため

には，$7007=7^{2}\times11\times13$ が x でわり切れなければならない。

よって，7007 の約数のうち，2 桁の数が x であるので，11，13，49，77，91

$$S(5) = 1 + 2 + 3 + 4 + 5^2 = 10 + 25 = 35$$
$$S(6) = 1 + 2 + 3 + 4 + 5 + 6^2 = 15 + 36 = 51$$
よって，
$$S(1) + S(2) + S(3) + S(4) + S(5) + S(6)$$
$$= 1 + 5 + 12 + 22 + 35 + 51$$
$$= 126$$

059
(1) **54 円**　　(2) $\dfrac{23a(100-b)}{2000}$ 円

(3) $100(21-x)(25+2x)$ 円

解説 (1) a 個仕入れた 8 割が売れるのだから，売れた個数は，$0.8a$ 個

よって，利益は，$0.8a \times 80 = 64a$ (円)

a 個仕入れた 2 割が売れ残るので，売れ残った個数は，$0.2a$ 個

よって，損失は，$0.2a \times 50 = 10a$ (円)

したがって，純利益は 1 個あたり，

$$\dfrac{64a - 10a}{a} = 54 \text{ (円)}$$

(2) 定価 $= \left(1 + \dfrac{15}{100}\right)a = \dfrac{115}{100}a$

売価 $= \dfrac{115}{100}a \times \left(1 - \dfrac{b}{100}\right)$

$\quad = \dfrac{115a}{100} \times \dfrac{100-b}{100} = \dfrac{115a(100-b)}{10000}$

$\quad = \dfrac{23a(100-b)}{2000}$

(3) $10x$ 円値下げしたときのパン 1 個の値段は，

$(210 - 10x)$ 円であり，売り上げ個数は，

$(250 + 20x)$ 個だから，売り上げ金額は，

$\quad (210 - 10x)(250 + 20x)$

$\quad = 10(21 - x) \times 10(25 + 2x)$

$\quad = 100(21 - x)(25 + 2x)$

---

060 **126**

解説

  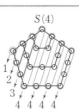

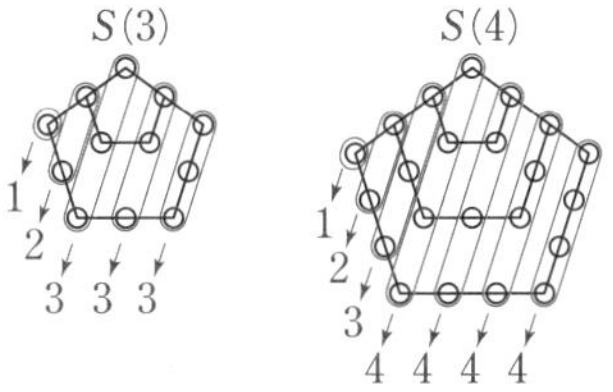

$S(3)$　　　　　$S(4)$

上の図のような分け方を考えると，
$$S(3) = 1 + 2 + 3 + 3 + 3 = 12$$
$$\underset{\text{3 が 3 個}}{}$$
$$S(4) = 1 + 2 + 3 + 4 + 4 + 4 + 4 = 22$$
$$\underset{\text{4 が 4 個}}{}$$
と数えられる。
つまり，
$$S(n) = 1 + 2 + \cdots + (n-1) + \underbrace{n + \cdots + n}_{n \text{ が } n \text{ 個}}$$
$$= 1 + 2 + \cdots + (n-1) + n \times n$$
$$= 1 + 2 + \cdots + (n-1) + n^2$$
と表せるので，

061
(1) **4**

(2) (ア) $n = 6$，**7，8，9**　　(イ) **20**

解説 (1) 点 B の数を n とすると，点 C は，AB の中点だから，点 A と点 B の数の平均を計算すればいいので，$\dfrac{12+n}{2}$ と表される。

　　　└ 点 C

また，OC の中点は，
$$\dfrac{12+n}{2} \div 2 = \dfrac{12+n}{4}$$
　　　　　　　└ 小数第 1 位で四捨五入すると点 D

よって，
$$\dfrac{12+2}{4} = \dfrac{14}{4} = \dfrac{7}{2} = 3.5 \fallingdotseq 4$$
　　　　　　　　└ 小数第 1 位で四捨五入

D(4) となり，点 D の数は 4 である。

(2) (ア) $n = 2$ から 11 のときをそれぞれ調べてみる。

$n = 2$ のとき，B(2) → D(4) となり，

　　　　　　[操作]1 回で D(4) である。

　　　　つまり，【2】$= 1$

同様にして，

$n = 3$ のとき，$\dfrac{12+3}{4} = 3.75 \fallingdotseq 4$ より，D(4)

　　　　　　B(3) → D(4) となり，

　　　　　　【3】$= 1$

$n = 4$ のとき，$\dfrac{12+4}{4} = 4$ より，D(4)

　　　　　　B(4) → D(4) となり，

　　　　　　【4】$= 1$

$n = 5$ のとき，$\dfrac{12+5}{4} = 4.25 \fallingdotseq 4$ より，D(4)

　　　　　　　　└ 四捨五入

　　　　　　B(5) → D(4) となり，

　　　　　　【5】$= 1$

$n = 6$ のとき，$\dfrac{12+6}{4} = 4.5 \fallingdotseq 5$ より，D(5)

　　　　　　B(6) → D(5) となり，

　　　　　　B(5) → D(4) だから，

　　　　　　【6】$= 2$

$n=7$ のとき，$\dfrac{12+7}{4}=4.75\fallingdotseq5$ より，D(5)
　　　　　　　　　　　　　⌣——四捨五入

B(7) → D(5) となり，

B(5) → D(4) だから，

【7】= 2

$n=8$ のとき，$\dfrac{12+8}{4}=5$ より，D(5)

B(8) → D(5) となり，

B(5) → D(4) だから，

【8】= 2

$n=9$ のとき，$\dfrac{12+9}{4}=5.25\fallingdotseq5$ より，D(5)
　　　　　　　　　　　　　⌣——四捨五入

B(9) → D(5) となり，

B(5) → D(4) だから，

【9】= 2

$n=10$ のとき，$\dfrac{12+10}{4}=5.5\fallingdotseq6$ より，D(6)
　　　　　　　　　　　　　⌣——四捨五入

B(10) → D(6) となり，

B(6) → D(5)

B(5) → D(4) だから，

【10】= 3

$n=11$ のとき，$\dfrac{12+11}{4}=5.75\fallingdotseq6$ より，D(6)
　　　　　　　　　　　　　⌣——四捨五入

B(11) → D(6) となり，

B(6) → D(5)

B(5) → D(4) だから，

【11】= 3

以上より，$n=6,\ 7,\ 8,\ 9$
　　　　　⌣——1回の操作で D(5) になるので，
　　　　　　$n=6$ から 9 のときすべてに
　　　　　　代入をして考えなくてもよい

(イ)　問題文と(2)の(ア)より，

【1】＋【2】＋【3】＋【4】＋【5】＋【6】

＋【7】＋【8】＋【9】＋【10】＋【11】

＝2＋1＋1＋1＋1＋2＋2＋2＋2＋3＋3

＝20

062 (1) 下の図の太い実線のようになる。

(2) **6枚**

(3) ① $b=6$　　② $b=37,\ 38,\ 45$

解説　(2)　下の図の太い実線のように切り取れるので 6枚

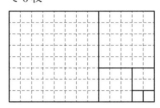

(3)　①　下の図のように切り取れるので，

$b=6$ (cm)

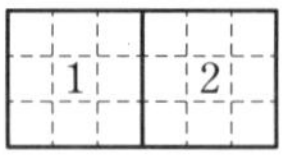

②　(1)の結果より，a cm の正方形に 1 cm の正方形を a 枚つなげることができ，また，1 cm の正方形が，この【手順】で現れる最小の正方形である。　←長方形からの「切り取り」ではないので，
　　　　　　　　　　　　　　　正方形の「くっつけ方」という考えに変える

①の結果より，$a=3$ のとき，正方形が 2 枚と限定すると，1 辺 3 cm の正方形が 2 枚の組み合わせのみであるが，1 辺 1 cm の正方形を許せば，下の図のように，

$1+3=4$ (枚)の正方形となる場合が考えられる。
^　　^
3 cm 正方形の枚数

逆に考えると，(目標の枚数)-3

が，必要な 1 辺 3 cm の正方形の最小の枚数である。　(3)①が最大の枚数の数え方である←

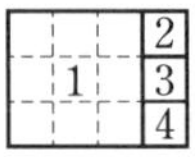

以上より，全部で 15 枚の正方形ができるときは，$15-3=12$ (枚)をもとにすればよい。

(i)　12 枚＋1 cm の正方形 3 枚のとき，

下の図より，$b=3\times12+1=37$ (cm)

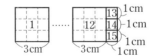

(ii) (2)より，2 cm の正方形 1 枚＋1 cm の正方形 2 枚のときも，3 cm の正方形につなげることができるから，

下の図より，$b = 3 \times 12 + 2 = 38$ (cm)

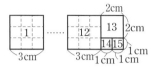

(iii) (3)①と同様に数えて，

$b = 3 \times 15 = 45$ (cm)

(i)，(ii)，(iii)より，

求める b の値は，$b = 37,\ 38,\ 45$

---

063 (1) **40 個**　　(2) **$(4m + 12)$ 個**

解説 (1) 1 辺に並ぶ〇を n 個とする。

並べ直すと各段に〇が n 個並ぶ。正方形に並べたときの〇の個数は，$(4n - 4)$ 個

$n > 4$ であるから，$3n < 4n - 4 < 4n$

よって，正方形から並べ直すと，n 個並ぶ段が 3 段できる。

最上段は 4 段目であり，その個数は 7 個であるから，

$4n - 4 = 3n + 7$

$n = 11$ より，$4n - 4 = 40$ (個)

(2) (1)と同様にして，$4n - 4 = \underset{\underset{\displaystyle \text{個}}{\substack{\text{必ず 3 段になり，}\\ \text{最上段 (4 段目) は}\\ m}}}{3n + m}$

$n = m + 4$

〇の総数は，

$4n - 4 = 4(m + 4) - 4$

$\qquad\quad = 4m + 12$ (個)

---

3 方程式

064 ⑦

解説 代入したときに等式（方程式）が成り立つものが解である。

---

065 ⑦，①，②

---

066 (1) ①…⑦　　②…①

(2) ①…⑦　　②…①　　③…①

---

067 記号…①　　正しい式…$x + 6x = -42$

解…$x = -6$

---

068 (1) $\quad 8 - 7x = -20$

$\qquad\quad -7x = -20 - 8$

$\qquad\quad -7x = -28$

$\qquad\qquad x = 4$

(2) $\quad 5x - 6 = 3x + 2$

$\quad 5x - 3x = 2 + 6$

$\qquad\quad 2x = 8$

$\qquad\quad\ x = 4$

(3) $\quad 5 - 6x = 2x - 11$

$\quad -6x - 2x = -11 - 5$

$\qquad\quad -8x = -16$

$\qquad\qquad x = 2$

---

069 (1) $x = -1$　　(2) $x = -4$　　(3) $x = -2$

解説 (1) $\quad x - 6 = 8x + 1$

$\qquad\qquad -7 = 8x - x$

$\qquad\qquad -7 = 7x$

$\qquad\qquad -1 = x$

$\left.\vphantom{\begin{matrix}a\\a\\a\\a\end{matrix}}\right\}$数の項を左辺に，文字の項を右辺に移して解くこともできる

(2) $\quad 4 - x = 2x + 16$

$\quad 4 - 16 = 3x$

$\qquad -12 = 3x$

$\qquad\ -4 = x$

(3) $\quad 7(x - 2) = 4(x - 5)$ ← 分配法則

$\quad 7x - 14 = 4x - 20$

$$7x - 4x = -20 + 14$$
$$3x = -6$$
$$x = -2$$

〈070〉 (1) $x = -5$ (2) $x = -\dfrac{4}{7}$ (3) $x = 7$

(4) $x = 30$ (5) $x = 48$ (6) $x = 6$

解説▶ (1) $0.3x + 2 = -1.5x - 7$
$$0.3x + 1.5x = -7 - 2$$
$$1.8x = -9$$
$$18x = -90$$
$$x = -\frac{90}{18} = -5$$

(2) $\dfrac{3}{4}x + 3 = 2 - x$
$$\frac{3}{4}x + x - 2 - 3$$
$$\frac{7}{4}x = -1$$
$$x = -\frac{4}{7}$$

(3) $\dfrac{x+5}{2} + 3 = \dfrac{4x-1}{3}$
$$3(x+5) + 18 = 2(4x-1)$$
$$3x + 15 + 18 = 8x - 2$$
$$3x - 8x = -2 - 15 - 18$$
$$-5x = -35$$
$$x = 7$$

(4) $0.4 - 0.03x = \dfrac{9}{100}x - \dfrac{16}{5}$
$$40 - 3x = 9x - 320$$
$$-3x - 9x = -320 - 40$$
$$-12x = -360$$
$$x = 30$$

(5) $3x - \dfrac{8-5x}{4} = 5(x-6) - 8$
$$12x - (8 - 5x) = 20(x-6) - 32$$
$$12x - 8 + 5x = 20x - 120 - 32$$
$$12x + 5x - 20x = -120 - 32 + 8$$
$$-3x = -144$$
$$x = 48$$

(6) $2\left(\dfrac{2x+1}{4} - \dfrac{x-3}{6}\right) = \dfrac{x+5}{2}$
$$\frac{2x+1}{2} - \frac{x-3}{3} = \frac{x+5}{2}$$
$$\frac{2x+1-(x+5)}{2} - \frac{x-3}{3} = 0$$

$$\frac{x-4}{2} - \frac{x-3}{3} = 0$$
$$3(x-4) - 2(x-3) = 0$$
$$3x - 12 - 2x + 6 = 0$$
$$x = 6$$

得点アップ

　1次方程式の問題は確実に正答を導きたいところである。そのために，出した解をもとの方程式に代入してみて，方程式の等号が成り立つかどうか確認するようにしよう。

〈071〉 (1) $y = \dfrac{9}{2} - 2x$

(2) $b = 3m - 2a$

(3) $b = -5a + 2$

(4) $b = \dfrac{2S}{h} - a$

解説▶ [　]内の文字以外は，数として扱う。

(1) $4x + 2y = 9$
$$2y = 9 - 4x$$
$$y = \frac{9-4x}{2} = \frac{9}{2} - 2x$$

(2) $m = \dfrac{2a+b}{3}$
$$3m = 2a + b$$
$$3m - 2a = b$$

(3) $1.25a + 0.25b = 0.5$
$$0.25b = -1.25a + 0.5$$
$$\frac{25}{100}b = -\frac{125}{100}a + \frac{5}{10}$$
$$\frac{1}{4}b = -\frac{5}{4}a + \frac{1}{2}$$
$$b = -5a + 2$$

(4) $S = \dfrac{(a+b)h}{2}$
$$2S = (a+b)h$$
$$\frac{2S}{h} = a + b$$
$$\frac{2S}{h} - a = b$$

〈072〉 (1) $x = 24$ (2) $x = 36$

(3) $x = 15$ (4) $x = \dfrac{16}{3}$

解説 ▶ 内側の項の積と外側の項の積は等しい。

(1) $x:10=12:5$

$$5x=10\times12$$
$$x=2\times12=24$$

計算しないでおく方が
楽なことが多い

(2) $9:2=x:8$

$$2x=9\times8$$
$$x=9\times4=36$$

(3) $(x-3):3=4:1$

$$x-3=12$$
$$x=15$$

(4) $(x+3):5=(x-2):2$

$$5(x-2)=2(x+3)$$
$$5x-10=2x+6$$
$$3x=16$$
$$x=\frac{16}{3}$$

---

073 ▶ **9:7**

解説 ▶ $(3a-b):(a+b)=5:4$

$$4(3a-b)=5(a+b)$$
$$12a-4b=5a+5b$$
$$7a=9b$$

よって，$a:b=9:7$

---

074 ▶ (1) $a=8$　　(2) $a=2$　　(3) $a=-14$

解説 ▶ (1) $6-x=x+2a$ の解が $x=-5$ であるから，

$$6-(-5)=(-5)+2a$$
$$16=2a$$
$$a=8$$

(2) $2x-3=5x+6$ を解くと，

$$-9=3x$$
$$x=-3$$

この解が $3x+a=ax-1$ の解と等しいから，

$$-9+a=-3a-1$$
$$4a=8$$
$$a=2$$

(3) $\dfrac{x-a}{2}+\dfrac{x+2a}{3}=1$ の解が $x=4$ であるから，

$$\frac{4-a}{2}+\frac{4+2a}{3}=1$$
$$3(4-a)+2(4+2a)=6$$
$$12-3a+8+4a=6$$
$$a=-14$$

---

075 ▶ (1) **360 円**　　(2) $a=400$　　(3) **7 km**

　　　(4) **80 g**　　(5) **33 人**

解説 ▶ 求めたい数量を x とおく。

(1) 本 1 冊の値段を x 円とおく。

$$1000-x=(800-2x)\times8$$
$$1000-x=6400-16x$$
$$15x=5400$$
$$x=360$$

姉の残金
$(1000-x)$ 円
妹の残金
$(800-2x)$ 円

(2) b は，a の 35 % であるから，$b=\dfrac{35}{100}a$

$b=140$ であるから，$\dfrac{35}{100}a=140$

$$a=\frac{140\times100}{35}$$
$$=400$$

(3)

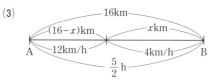

歩いた道のりを $x\,\text{km}$ とおく。

走った道のりは，$(16-x)\,\text{km}$ であるから，

$$\frac{16-x}{12}+\frac{x}{4}=\frac{5}{2}$$
$$16-x+3x=30$$
$$2x=30-16$$
$$x=7$$

時間についての関係式
2 時間 30 分は，$\dfrac{5}{2}$ 時間

(4) 7 % の食塩水を $x\,\text{g}$ 混ぜるとする。

$$220\times\frac{4}{100}+x\times\frac{7}{100}=(220+x)\times\frac{4.8}{100}$$

食塩の量についての関係式　（食塩の量）＝（食塩水の量）$\times\dfrac{（濃度）}{100}$

$$880+7x=4.8(220+x)$$
$$880+7x=1056+4.8x$$
$$2.2x=176$$
$$x=80$$

(5) クラスの人数を x 人とする。

$$300x+1300=400x-2000$$
$$3300=100x$$
$$x=33$$

材料費についての等式

---

076 ▶ 太郎さん…**400 m**　　　花子さん…**300 m**

解説

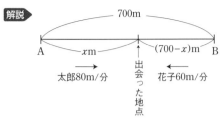

太郎さんが歩き出してから出会うまでに歩いた道のりを x m とすると，花子さんの歩いた道のりは $(700-x)$ m であるから，

$$\frac{x}{80}=\frac{700-x}{60}$$ ◀─太郎さんと花子さんは同じ時間だけ歩いている

$$60x=80(700-x)$$

$$60x=56000-80x$$

$$x=400$$

よって，花子さんの歩いた道のりは，300 m

---

077 (1) **2010** (2) **18**

解説 (1) 3つの数のうち1番小さい数を x とおく。

$$x+(x+1)+(x+2)=6033$$ ◀─他の2つの数は $x+1$, $x+2$ である

$$3x+3=6033$$

$$3x=6030$$

$$x=2010$$

(2) A の十の位の数を x，一の位の数を y $(y\neq0)$ とおくと，

$$A=10x+y,\ B=10y+x$$

と表せる。

$$9A=2B$$

$$9(10x+y)=2(10y+x)$$

$$90x+9y=20y+2x$$

$$88x-11y=0$$

$$8x-y=0$$

$$y=8x$$

x, y は，1桁の自然数なので，$x=1$, $y=8$ と決まる。 $\underset{\substack{x\geqq2\text{だと，}y\text{は}\\2\text{桁になってし}\\\text{まう}}}{}$

したがって，$A=18$

---

078 (1) **69人** (2) **10脚**

解説 (1) 園児の人数を x 人とする。

長いすに6人ずつ座ると9人座れなかったので，長いすの数は，

$$\frac{x-9}{6} \text{脚} \cdots ①$$

$\underset{(x-9)\text{人が}6\text{人ずつ座った}}{}$

また，8人ずつ座ると，1脚だけ5人，誰も座ら

ない長いすが1脚であったので，長いすの数は，

$$\frac{x-5}{8}+2\ (\text{脚})\cdots②$$

$\underset{(x-5)}{}$ $\underset{\substack{5\text{人座った長いす1脚と誰も}\\\text{座っていない長いす1脚の2脚}}}{}$ 人が8人ずつ座った

①と②より，

$$\frac{x-9}{6}=\frac{x-5}{8}+2$$

$$\frac{x}{6}-\frac{x}{8}=-\frac{5}{8}+2+\frac{3}{2}$$

$$\frac{4x-3x}{24}=\frac{11}{8}+\frac{3}{2}$$

$$\frac{x}{24}=\frac{23}{8}$$

$$x=\frac{23}{8}\times24=69$$

(2) 長いすの数を y 脚とすると，園児の数の関係を式にすると，

$$6y+9=8(y-2)+5$$

$\underset{\substack{6\text{人ずつ座ると}\\9\text{人座れない}}}{}$ $\underset{\substack{(y-2)\text{脚に}8\text{人ずつ，}\\1\text{脚に}5\text{人座っている}}}{}$

$$6y+9=8y-16+5$$

$$20=2y$$

$$y=10$$

---

079 (1) **5分後** (2) **4分40秒後** (3) **1575 m**

解説 (1) Bさんが出発してからAさんに追いつくのが x 分後であるとする。AさんはBさんが出発する前の20分間で，

$$80\times20=1600\ (\text{m})$$

進んでいる。さらに，x 分で，$80x$ m 進むから，

$$\underset{\substack{A\text{さんが}\\\text{進んだ距離}}}{\underbrace{1600+80x}}=\underset{\substack{B\text{さんが進んだ距離}}}{\underbrace{400x}}$$

$$1600=320x$$

$$x=5$$

(2)

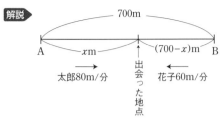

Bさんが最初に学校を出てから x 分後に学校に戻り始めたとする。

B 君が忘れ物に気がついて学校に戻った地点は，学校から，$60x$ m の地点である。

また，A 君は，B 君と別れてから

$(1200-60x)$ m 進むのに，$\dfrac{1200-60x}{60}$ 分 かかる。

よって，$\underset{\substack{\uparrow \\ 60x\text{ m を} \\ 120\text{ m/分で戻る}}}{\dfrac{60x}{120}}+\overset{\overset{\text{3分で用事を済ませる}}{\downarrow}}{3}+\underset{\substack{\uparrow \\ 1200\text{ m を} \\ 120\text{ m/分で追いかける}}}{\dfrac{1200}{120}}=\dfrac{1200-60x}{60}$

$$\dfrac{1}{2}x+3+10=20-x$$

$$\dfrac{3}{2}x=7$$

$$x=\dfrac{14}{3}\left(=4+\dfrac{2}{3}\right)$$

$\dfrac{2}{3}$ 分 ＝ 40 秒なので，4 分 40 秒

(3) 家から学校までの道のりを x m とすると，

$$\dfrac{x}{35}-4=\dfrac{x}{45}+6 \quad \leftarrow \text{定刻までの時間の関係}$$

$$\left(\dfrac{1}{35}-\dfrac{1}{45}\right)x=10$$

$$\dfrac{2}{5\times7\times9}x=10$$

$$x=\dfrac{10\times5\times7\times9}{2}$$

$$=1575$$

---

080 (1) $x=37$　　(2) 23 人　　(3) 17

　　　(4) $a=8$　　(5) $a=100$

解説 (1) $\underset{\substack{\uparrow \\ (\text{平均})=\frac{(\text{合計})}{(\text{個数})}}}{\dfrac{32+43+28+40+x}{5}}=36$

$$x+143=180$$
$$x=37$$

(2) クラスの生徒の人数を x 人とおく。

$\underset{\substack{\uparrow \\ 1\text{ 人 3 本ず} \\ \text{つ配ると} \\ 14\text{ 本余る}}}{3x+14}=\underset{\substack{\uparrow \\ 1\text{ 人 4 本ずつ配ると 9 本たりない}}}{4x-9} \quad \leftarrow \text{全本数についての等式}$

$$23=x$$

(3) 連続する 5 つの整数を，n を整数として，

$$n-4,\ n-3,\ n-2,\ n-1,\ \underset{\substack{\uparrow \\ \text{求めたい数は 1 番大きい数}}}{n}$$

とおく。5 数の和が 75 であるから，

$$(n-4)+(n-3)+(n-2)+(n-1)+n=75$$
$$5n-10=75$$
$$5n=85$$

$$n=17$$

(4) a km の道のりを 4 km/h で進むのにかかる時間は，$\dfrac{a}{4}$ 時間 $\quad \leftarrow (\text{時間})=\dfrac{(\text{道のり})}{(\text{速さ})}$

$(a+1)$ km の道のりを 9 km/h で進むのにかかる時間は，$\dfrac{a+1}{9}$ 時間

よって，$\dfrac{a}{4}=\dfrac{a+1}{9}+1 \quad \leftarrow \substack{\text{問題の条件から等式を} \\ \text{つくる}}$

$$\left(\dfrac{1}{4}-\dfrac{1}{9}\right)a=\dfrac{1}{9}+1$$

$$\dfrac{5}{36}a=\dfrac{10}{9}$$

$$a=\dfrac{10}{9}\times\dfrac{36}{5}$$

$$=8$$

(5) 1 周が 400 m なので，半円 2 つ分の距離は，

$$\underset{\substack{\uparrow \\ \text{かげの部分の横の長さ 2 つ分}}}{400-2a}$$

したがって，かげの部分の縦の長さを ℓ とすると，

$\underset{\substack{\uparrow \\ \text{円周}}}{2\pi\times\dfrac{\ell}{2}}=400-2a \qquad \overset{\substack{\uparrow \\ \text{半径は}\frac{\ell}{2}}}{}$

$$\pi\ell=400-2a$$

$$\ell=\dfrac{400-2a}{\pi}$$

かげの部分の面積は，$\underset{\substack{\uparrow \\ \text{縦}\times\text{横}}}{\ell\times a}=a\ell$

残りの部分の面積は，$\pi\times\left(\dfrac{\ell}{2}\right)^2=\underset{\substack{\uparrow \\ \text{円の面積}}}{\dfrac{\pi\ell^2}{4}}$

よって，$a\ell=2\times\dfrac{\pi\ell^2}{4} \quad \leftarrow \text{問題の条件から等式をつくる}$

$\underset{\substack{\uparrow \\ 0\text{ ではわれないので，0 でないことを確認してからわる}}}{\ell\neq0\text{ だから両辺 }\ell\text{ でわって，}a=\dfrac{\pi\ell}{2}}$

したがって，$a=\dfrac{\pi}{2}\times\dfrac{400-2a}{\pi}$

$$a=200-a$$

$$2a=200$$

$$a=100$$

---

081 (1) 5 g　　(2) 700 g　　(3) 3 %

解説 (1) 食塩を x g 加えるとする。

5 % の食塩水 90 g の中には，

$90\times\dfrac{5}{100}=\dfrac{45}{10}$ (g) の食塩がふくまれている。

よって，

$$\frac{45}{10} + x = (90 + x) \times \frac{10}{100}$$

└ 10% の食塩水 (90+x)g の中
にふくまれる食塩の量

$$\frac{45}{10} + x = 9 + \frac{1}{10}x$$

$$\left(1 - \frac{1}{10}\right)x = 9 - \frac{45}{10}$$

$$\frac{9}{10}x = \frac{45}{10}$$

$$x = 5$$

(2) 5 % の食塩水を x g 加えるとする。

8 % の食塩水 400 g の中の食塩の量は，

$$400 \times \frac{8}{100} = 32 \ (g)$$

5 % の食塩水 x g の中の食塩の量は，

$$x \times \frac{5}{100} = \frac{x}{20} \ (g)$$

6 % の食塩水 $(400 + x + 100)$ g の中の食塩の量は，

└8 % └5 % └水

$$(x + 500) \times \frac{6}{100} = \frac{3}{50}x + 30 \ (g)$$

であるから，

$$\frac{x}{20} + 32 = \frac{3}{50}x + 30 \quad \text{←食塩の量についての等式}$$

$$\left(\frac{3}{50} - \frac{1}{20}\right)x = 2$$

$$\frac{1}{100}x = 2$$

$$x = 200$$

よって，食塩水は $200 + 500 = 700$ (g) できる。

(3) 最初の食塩水の濃度を x % とおく。

x % の食塩水 200 g の中にふくまれる食塩の量は，

└ $\frac{1}{3}$ 捨てるのだから，100 g 捨て，残った食塩水は
200 g である

$$200 \times \frac{x}{100} = 2x \ (g)$$

2 % の食塩水 300 g の中にふくまれる食塩の量は，

└ 100 g の水を加えるので，できた食塩水は 300 g である

$$300 \times \frac{2}{100} = 6 \ (g)$$

よって，$2x = 6$ ←食塩の量についての等式

$$x = 3$$

---

082 (1) $(x, y) = (4, 11), \ (8, 8), \ (12, 5),$
$(16, 2)$

(2) $(x, y) = (1, 3), \ (3, 2), \ (9, 1)$

解説 (1) $3x + 4y = 56$ より，$y = 14 - \frac{3}{4}x$

x, y は自然数であるから，x は 4 の倍数である
ことがわかる。

$x = 4, 8, 12, 16$ のとき，順に，

$y = 11, 8, 5, 2$ となる。

(2) x は自然数であるから，$x+3$ は 4 以上の自然
数である。

$x+3$ と y との積が 12 になることから，下の表の
ようになる。

よって，

$x+3$	4	6	12
y	3	2	1

$(x, y) = (1, 3), \ (3, 2), \ (9, 1)$

---

083 (1) **900 人**　(2) **24 人**　(3) **12 人**

解説 (1) A高校の生徒数を x 人とおくと，B高校
の生徒数は，$(2050 - x)$ 人である。この 7 割は，

$$0.7(2050 - x)$$

したがって，

$$0.7(2050 - x) + 95 = x$$

$$1435 - 0.7x + 95 = x$$

$$1.7x = 1530$$

$$x = 900$$

(2) このクラスの男子の人数を x 人とおくと，女
子の人数は，$(40 - x)$ 人である。

$$\frac{5}{6}x + \frac{3}{4}(40 - x) = \frac{4}{5} \times 40$$

└男子全体の$\frac{5}{6}$ └女子全体の$\frac{3}{4}$ └クラス全体の$\frac{4}{5}$

$$\left(\frac{5}{6} - \frac{3}{4}\right)x = \left(\frac{4}{5} - \frac{3}{4}\right) \times 40$$

$$\frac{10 - 9}{12}x = \frac{16 - 15}{20} \times 40$$

$$\frac{1}{12}x = 2$$

$$x = 24$$

(3) 部員の全人数が x 人だから，

$$\frac{1}{3}x \times 4 + \frac{2}{3}x \times 3 + 30 = 10 \times 6 + (x - 10) \times 5$$

└A に贈る枚数　　　　　└B に贈る枚数

$$\frac{4}{3}x + 2x + 30 = 60 + 5x - 50$$

$$\frac{15 - 6 - 4}{3}x = 20$$

$$\frac{5}{3}x = 20$$

$$x = 12$$

084 (1) $n = 9$

(2) ①…**121** ②…**483** ③…**90**

解説 (1) n 回のうち，表が5回出たので，裏は $(n-5)$ 回出たことになる。よって，

$$\underbrace{5 \times 2}_{\text{5回2点が加わる}} + \underbrace{(n-5) \times (-3)}_{(n-5)\text{回} -3\text{点が加わる}} = -2$$

$$10 - 3n + 15 = -2$$
$$-3n = -27$$
$$n = 9$$

(2) 下底は上底より棒の数が1本多いので，121本
上底1本につき，棒が4本必要になるので，
求める本数は，

$$120 \times 4 + 3 = 483 \text{（本）}$$

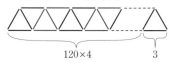

$$\underbrace{\qquad}_{120 \times 4} \quad \underbrace{\quad}_{3}$$

上底の本数が n 本のとき，必要な棒の本数は $(4n+3)$ 本だから，

$$4n + 3 = 71$$
$$n = 17$$

下底は1本多いので，18本だから，長さは，

$$18 \times 5 = 90 \text{（cm）}$$

085 (1) $x = -\dfrac{8}{59}$ (2) $x = -3$

(3) $x = 9$ (4) $x = 6$ (5) $x = 14$

解説 (1) $0.3x + 0.04 = 0.005x$ 　両辺に1000をかける

$$300x + 40 = 5x$$
$$295x = -40$$
$$x = -\frac{40}{295} = -\frac{8}{59}$$

(2) $\dfrac{x}{3} - \dfrac{4x-3}{5} = 2$ 　両辺に15をかける

$$5x - 3(4x - 3) = 30$$
$$5x - 12x + 9 = 30$$
$$-7x = 21$$
$$x = -3$$

(3) $\dfrac{5x+1}{4} - \dfrac{2x+1}{2} = 2$

$$\frac{5}{4}x + \frac{1}{4} - x - \frac{1}{2} = 2$$
$$\frac{1}{4}x = \frac{9}{4}$$
$$x = 9$$

(4) $\dfrac{2x+3}{5} = \dfrac{x+2}{4} + 1$ 　両辺に20をかける

$$4(2x + 3) = 5(x + 2) + 20$$
$$8x + 12 = 5x + 10 + 20$$
$$3x = 18$$
$$x = 6$$

(5) $\dfrac{5}{12}(x-2) = \dfrac{1}{4}\left\{2(x+1) + \dfrac{x-2}{3} - x\right\}$

$$5(x - 2) = 3\left\{2(x+1) + \frac{x-2}{3} - x\right\}$$
$$5(x - 2) = 6(x + 1) + x - 2 - 3x$$
$$5x - 10 = 6x + 6 + x - 2 - 3x$$
$$x = 14$$

086 ア…**例** A店の料金は，$24x$（円）
B店の料金は，
$$30 \times 30 + 15(x - 30)$$
$$= 15x + 450 \text{（円）}$$
2つの料金が等しいのだから，
$$24x = 15x + 450$$
$$9x = 450$$
$$x = 50$$
イ…**50**

解説 ア　割引の問題では，割引が適用されるのが，「全量」なのか「追加分」のみなのか，ていねいに問題文をよく読もう。本問では「追加分」のみ割引が適用されるパターンである。

また，B店の料金は，31枚以上の場合，必ず $30 \times 30 = 900$（円）は必要なので，忘れないようにしよう。

087 (1) **2.8 km** (2) **120戸**

解説 (1) 家から学校までの距離を x m とする。

$$\frac{x}{70} - 5 = \frac{x}{100} + 7$$ 　時間についての関係　両辺に700をかける

$$10x - 3500 = 7x + 4900$$
$$3x = 8400$$
$$x = 2800$$

(2) 設置している住宅戸数を x 戸とすると，設置していない住宅戸数は，$(x + 2160)$ 戸である。

$$x = \frac{5}{100} \times \underbrace{\{x + (x + 2160)\}}_{\text{全住宅戸数}}$$

$$x = \frac{1}{20}(2x + 2160)$$

$$x = \frac{1}{10}(x + 1080)$$

$$10x = x + 1080$$

$$x = 120$$

---

088 (1) 黒石…**42 個**　　白石…**28 個**

(2) **140 個**　(3) **24cm**　(4) **5244**

(5) **750 人**　(6) **12 回**

解説▶ (1)　はじめの白石の個数を $2x$ 個とすると，黒石の個数は $3x$ 個である。

（全体の40%）

（全体の60%）

だから，白石と黒石の個数の比は 2：3

$$\frac{2x - 14}{2x - 14 + 3x} = \frac{1}{4}$$

$$8x - 56 = 5x - 14$$

$$3x = 42$$

$$x = 14$$

よって，はじめにあった黒石の個数は 42 個，白石の個数は 28 個

(2)　昨年のバザーでつくったおにぎりの個数を x 個とする。

昨年売れた個数は，$(x - 20)$ 個，

今年つくった（＝売れた）個数は，$0.9x$ 個であるから，

$$1.05(x - 20) = 0.9x$$

$$105(x - 20) = 90x$$

$$15x = 2100$$

$$x = 140$$

(3)　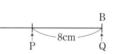

動点 Q が点 A を出発して，B に到達するのにかかる時間を x 秒とすると，

$$3x = 2x + 8$$

$$x = 8$$

よって，線分 AB の長さは，$3 \times 8 = 24$ (cm)

(4)　もとの4桁の自然数を $5000 + x$ とおく。

$$\underline{10x + 5} = \frac{1}{4}(5000 + x) + 1134$$

└─千の位の数字 5 を一の位に移動し，残りの位の数字をそのまま1桁ずつ左にずらしてできる自然数

$$4(10x + 5) = 5000 + x + 4536$$

$$39x = 9516$$

$$x = 244$$

よって，もとの4桁の自然数は，5244

(5)　全生徒数を x 人とすると，7：30より前に登校

する生徒数と8：00以降に登校する生徒数は $0.3x$ 人と表せるので，7：30から8：00の間に登校する生徒は $0.4x$ 人である。

よって，8：00 より前に登校する生徒の数は $0.7x$ 人である。

0.3x	0.4x	0.3x (人)
7:30	8:00	(時間)

$$0.7x = 0.3x + 300$$

$$4x = 3000$$

$$x = 750$$

(6)　n 回目の操作で切り取った残りのひもの長さを a_n とすると，

$$a_1 = \left(1 - \frac{1}{3}\right)a = \frac{2}{3}a$$

$$a_2 = \left(1 - \frac{1}{4}\right)a_1 = \frac{3}{4} \times \frac{2}{3}a = \frac{2}{4}a$$　←わざと約分しないでおくと，規則性がわかる

$$a_3 = \left(1 - \frac{1}{5}\right)a_2 = \frac{4}{5} \times \frac{2}{4}a = \frac{2}{5}a$$

$$\vdots$$

となるから，$a_n = \frac{2}{n + 2}a$

これが $\frac{1}{7}a$ と等しくなるのは，

$$\frac{2}{n + 2}a = \frac{1}{7}a$$　$a \neq 0$ なので，両辺に $\frac{7(n+2)}{a}$ をかけた

$$14 = n + 2$$

$$n = 12$$

---

089 (1) $-\dfrac{1}{4}$　　(2) **61 個**

(3) $\left(\dfrac{ac - bd}{a - b}\right)$ **cm**　(4) $x = 20$

解説▶ (1)　$x : y = 3 : 2$ であるから，

$$\frac{x}{3} = \frac{y}{2} = k$$

とおくと，$x = 3k$，$y = 2k$ と表せるから，

$$\frac{4x - 9y}{6x + 3y} = \frac{12k - 18k}{18k + 6k} = \frac{-6k}{24k} = -\frac{1}{4}$$

(2)　菓子の個数を x 個とおく。

条件により，箱 A に菓子を詰めたときの残りは7個であるから，箱 A は $\dfrac{x - 7}{6}$ 箱ある。箱 B に菓子を詰めたときの残りは5個であるから，箱 B は $\dfrac{x - 5}{8}$ 箱ある。

箱 A は箱 B より2箱多いことから，

$$\frac{x - 7}{6} = \frac{x - 5}{8} + 2$$

$$4(x - 7) = 3(x - 5) + 2 \times 24$$

$$4x - 28 = 3x - 15 + 48$$
$$x = 61$$

(3) クラスの生徒数は a 人で，そのうち女子は b 人であるから，男子は $(a-b)$ 人である。男子の平均身長を x cm とすると，

$$d \times b + x \times (a-b) = c \times a \qquad ←クラス全体の身長の総和$$
$$x \times (a-b) = ac - bd$$
$$x = \frac{ac - bd}{a - b} \qquad ←x について解く$$

(4) Ⅰ から x g 取った分にふくまれる食塩の量は $0.05x$ g だから，操作後の食塩水の濃度について，

$$\frac{3 - 0.05x}{60} \times 100 = \frac{0.05x}{30} \times 100$$
$$\frac{300 - 5x}{60} = \frac{5x}{30}$$
$$60 - x = 2x$$
$$x = 20$$

---

090 (1) $t = 11.5$ (2) $x = 384$

解説

Aさん
家　　　300m/分　　　駅
6:00　　　　　　　　6:24

ある朝
家　　　300m/分　　　駅
6:00　　6:10　　　　6:24
　　400m/分

320m/分
6:04　　　　　　　　駅
　　　　xm/分　　　6:24
6:t
Aさんと父が出会って
また駅に向かう地点

(1) A さんが引き返した道のりと，父親が追いかけた道のりの和が，A さんが 10 分間に進んだ道のりに等しいから，

$$400(t-10) + 320(t-4) = 300 \times 10$$

└6:10 から 6:t までに A さんが進んだ距離　└6:04 から 6:t までに父親が進んだ距離

$$400t - 4000 + 320t - 1280 = 3000$$
$$720t = 8280$$
$$t = 11.5$$

(2) 残りの道のりは，

$$300 \times 24 - 320 \times (11.5 - 4) = 4800 \text{ (m)}$$

└家から駅までの距離　└父親が 6:04 から 6 時 11 分 30 秒までに進んだ距離

よって，$x \times (24 - 11.5) = 4800$
$$12.5x = 4800$$
$$x = 384$$

---

091 (1) $\angle \text{AOB} = \left(\dfrac{225}{14}\right)^\circ$ (2) **56 秒後**

(3) **168 秒後**

解説 (1) A，B はそれぞれ，点 O を中心とし，1 秒間に $\left(\dfrac{360}{48}\right)^\circ$，$\left(\dfrac{360}{84}\right)^\circ$ ずつ回転するから，5 秒後には，

$$\angle \text{AOB} = \left(\frac{360}{48}\right)^\circ \times 5 - \left(\frac{360}{84}\right)^\circ \times 5$$
$$= \left(\frac{225}{14}\right)^\circ$$

(2) t 秒後に 3 点 O，A，B が一直線上に並んでいるとすると，

$$\left(\frac{360}{48}\right)^\circ \times t - \left(\frac{360}{84}\right)^\circ \times t$$
$$= 180^\circ \times k \ (k：0 以上の整数)$$
$$\left(\frac{1}{48} - \frac{1}{84}\right)t = \frac{1}{2}k$$
$$\frac{7 - 4}{2^3 \times 3 \times 7}t = k$$
$$\frac{1}{2^3 \times 7}t = k$$
$$t = 56k$$

したがって，動き始めてから 56 秒毎に 3 点 O，A，B は一直線上に並ぶ。

(3) s 秒後に，3 点 O，B，C が一直線上に並んでいるとすると，

$$\left(\frac{45}{2}\right)^\circ \times s - \left(\frac{360}{84}\right)^\circ \times s$$
$$= 180^\circ \times l \ (l：0 以上の整数)$$
$$\left(\frac{45}{2}\right)^\circ \times s - \left(\frac{90}{21}\right)^\circ \times s = 180^\circ \times l \qquad 両辺に \frac{2}{45} をかける$$
$$\frac{17}{21}s = 8l$$
$$s = \frac{168}{17}l$$

(2)の結果と合わせると，r 秒後に 4 点 O，A，B，C が一直線上に並んでいるとすると，ある 0 以上の整数 k，l に対して，

$$r = 56k = \frac{168}{17}l$$

が成立している。ここで r が最小の正の数となるのは，$(k, \ l) = (3, \ 17)$ のときである。

このとき，$r = 56 \times 3 = 168$ (秒後)

092 ア…$1-4a$　　イ…$1-5b$
　　　 ウ…$1-b$　　　エ…$1-4c$
　　　 オ…$4-19c$　　カ…$24c-5$
　　　 キ…99　　　　ク…-125

解説 ア　②より

$$x=\frac{1-4a-15a}{5}=\frac{1-4a}{5}-3a$$

$\dfrac{1-4a}{5}=b$ とおく
　　└─ここを整数 b とおく

両辺に 5 をかけて，
$$1-4a=5b \quad \cdots ③$$

イ　③より，a について解くと，
$$4a=1-5b$$
$$a=\frac{1-5b}{4}$$
$$-\frac{1-b-4b}{4}$$

ウ　$=\dfrac{1-b}{4}-b$
　　└─ここを整数 c とおく

エ　$\dfrac{1-b}{4}=c$ とおく

両辺に 4 をかけて，
$$1-b=4c \quad \cdots ④$$

④より，b について解くと，
$$b=1-4c \quad \cdots ⑤$$

オ　アより，
$$x=b-3a \quad \cdots ⑥$$
イより，
$$a=c-b \quad \cdots ⑦$$
⑥，⑦より
$$x=b-3(c-b)$$
$$x=4b-3c$$
これと，⑤より，
$$x=4(1-4c)-3c$$
$$x=4-19c \quad \cdots ⑧$$

カ　$y=a-x$ と，⑦より，
$$y=(c-b)-x$$
$$y=c-b-x$$
これと，⑤，⑧より，
$$y=c-(1-4c)-(4-19c)$$
$$=c-1+4c-4+19c$$
$$=24c-5$$

キ　$x=4-19c$ で，
x の値が 100 に最も近くなるときの c を調べる。

$c=-4$ のとき，$x=4-19\times(-4)=80$
$c=-5$ のとき，$x=4-19\times(-5)=99$
$c=-6$ のとき，$x=4-19\times(-6)=118$
だから，$c=-5$ のときが 100 に最も近くなる。
よって，$x=\boxed{99}$，
$$y=24\times(-5)-5$$
ク　　　$=\boxed{-125}$

093 (1) $\left(\dfrac{1}{10}x+90\right)$ グラム

　　　 (2) 8100 グラム　　(3) 300 グラム

解説 (1) $100+(x-100)\times\dfrac{1}{10}=\dfrac{1}{10}x+90$（グラム）
　　　　└─1回目　└─1回目にとった砂糖は 100 グラム
　　　　　　　　　　なので残りは $(x-100)$ グラム

(2) Bがとった砂糖の重さは，
$$200+\left\{x-\left(\frac{1}{10}x+90\right)-200\right\}\times\frac{1}{10}$$
　└─1回目　　└─Aがとった砂糖　　└─Bが1回目にとった砂糖
$$=\frac{9}{100}x+171 \text{（グラム）}$$
したがって，
$$\frac{1}{10}x+90=\frac{9}{100}x+171$$
$$\frac{1}{100}x=81$$
$$x=8100 \text{（グラム）}$$

(3) AとBがとった砂糖の重さはそれぞれ，900 グラムである。Cがとった砂糖の重さは，
　　└─$\dfrac{1}{10}\times8100+90=900$
$$y+\{(8100-900\times2)-y\}\times\frac{1}{10}$$
　　　　　└─AとBが　　└─Cが1回目にとった砂糖
　　　　　　とった砂糖
$$=\frac{9}{10}y+630$$
よって，$\dfrac{9}{10}y+630=900$
$$\frac{9}{10}y=270$$
$$y=300 \text{（グラム）}$$

094 (1) 600 円　　(2) 16 枚，19 枚，46 枚

解説 (1) それぞれの合計枚数を a 枚とすると，
兄の貯金は，
$$100\times30+50\times(a-30)=50a+1500 \text{（円）}$$
弟の貯金は，
$$100\times18+50\times(a-18)=50a+900 \text{（円）}$$
ゆえに，
$$(50a+1500)-(50a+900)=600 \text{（円）}$$

(2) 両替する前に兄が貯金していた 50 円硬貨の枚数を x 枚とする。x が 36 以下の偶数のとき，両替すると兄の 50 円の枚数は 0 枚，弟の 100 円の枚数は，$\left(18 - \dfrac{1}{2}x\right)$ 枚となる。

$$0 + \left(18 - \dfrac{1}{2}x\right) = 10$$
$$-\dfrac{1}{2}x = -8$$
$$x = 16 \cdots ①$$

x が 36 以下の奇数のとき，両替すると兄の 50 円硬貨の枚数は 1 枚，弟の 100 円の枚数は，$\left(18 - \dfrac{x-1}{2}\right)$ 枚となる。

$$1 + \left(18 - \dfrac{x-1}{2}\right) = 10$$
$$-\dfrac{x-1}{2} = -9$$
$$x = 19 \cdots ②$$

x が 37 以上のとき，両替すると，弟の 100 円の枚数は 0 枚，兄の 50 円の枚数は $(x-36)$ 枚
よって，$x - 36 = 10$
$$x = 46 \cdots ③$$

①，②，③は，すべて題意に適する。

---

095 (1) 秒速 **34 m** (2) **4 秒**

解説 (1)

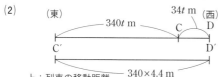

急行列車の速さを毎秒 V m とする。A から 5 秒間警笛を鳴らすと，A′ では 5 秒間聞こえるから，
AA′ $= 340 \times 5$ (m)
5 秒後には A は B に移動しているから，聞こえる音の長さは，BB′ $= 340 \times 4.5$
したがって，$5V + 340 \times 4.5 = 340 \times 5$
$$V = 34 \ (\text{m}/秒)$$

(2)

（東）　　　　　　　　34t m　（西）
　　　340t m　　　C　D
C′　　　　　　　　　　　　D′
　　　　340×4.4 m
上：列車の移動距離
下：音の長さ

C で t 秒間鳴らして D で鳴らし終わると，音の長さは，C′ D′の (340×4.4) m
これが $340t + 34t$ と等しいから，

$$340 \times 4.4 = 340t + 34t$$
$$1496 = 374t$$
$$t = 4 \ (秒)$$

---

096 (1) $x = 2,\ 12,\ 22,\ 32,\ 42$

(2) $\dfrac{5}{6}$ 分後，$\dfrac{35}{2}$ 分後

解説

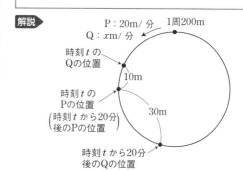

条件より，$x < 50 \cdots ①$

(1) P は時刻 t から 20 分後には，20 分間で
$20 \times 20 = 400$ (m) 進むので，時刻 t の P と同じ位置にいる。
その 20 分間に Q が進んだ距離は，
$(10 + 30) + 200 \times n$　←周回数
$(n = 0,\ 1,\ 2,\ \cdots)$
よって，
$$20x = 40 + 200n$$
$$x = 2 + 10n$$
①より，$x = 2,\ 12,\ 22,\ 32,\ 42$

(2) その 20 分間に P は 2 周するから，Q は 3 周と 40m 歩く。すなわち，$x = 32$
└20 分で 640m
よって，$10 \div (32 - 20) = 10 \div 12 = \dfrac{5}{6}$（分後）と，
└1 度目 └P と Q は 1 分間に $32 - 20 = 12$ (m)
10 m 差　 ずつ距離が縮まる
$(10 + 200) \div (32 - 20) = 210 \div 12$
└2 度目 $(10 + 200)$ m 差
$$= \dfrac{35}{2} \ (\text{分後})$$

---

097 毎秒 **6 cm**

解説 点 P が時計回り，点 Q が反時計回りに動くとき，点 P が動いた道のりと点 Q が動いた道のりの和は円周の長さに等しい。

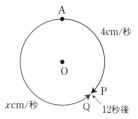

点 P，Q がともに時計回りに動くとき，点 Q の動
└点 Q は点 P より 1 周多く動いて点 P に追いつく

いた道のりから点 P の動いた道のりをひいた差が
円周の長さに等しい。

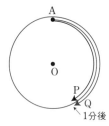

点 Q の速さを毎秒 x cm とすると，

$$12x + 4 \times 12 = 60x - 4 \times 60$$
└P と Q が逆方向   └P と Q が同じ方向に動いたときの
　に動いたときの　　　円周の長さ
　円周の長さ

$$x + 4 = 5x - 20$$
$$24 = 4x$$
$$x = 6$$

---

098 ▶ **4 cm**

解説 ▶

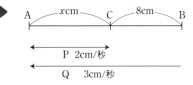

$AC = x$ (cm) とおく。

点 P が線分 AC 間を往復するのにかかる時間は，

$$\frac{2x}{2} = x \text{ (秒)}$$
└往復だから $2x$ cm

点 Q は，この x 秒で点 B から点 A まで
$(x + 8)$ cm を毎秒 3 cm の速さで動くから，

$$\frac{x + 8}{3} = x$$
$$x = 4$$

---

099 ▶ (1) (ア) $x = 15$　　　(イ) $y = 150$

(2) 3% の砂糖水…**240 g**

6% の砂糖水…**540 g**

解説 ▶ (1) (ア) x% の砂糖水 240 g の中の砂糖の量
は，

$$240 \times \frac{x}{100} = \frac{12}{5}x \text{ (g)}$$

$\left(\frac{1}{3}x + 7\right)$% の砂糖水 300g の中の砂糖の量は，
　　　　　　　└水 60 g を加えたので砂糖水
　　　　　　　　の量は 240 + 60

$$300 \times \frac{\frac{1}{3}x + 7}{100} = x + 21 \text{ (g)}$$

砂糖の量は変わらないから，

$$\frac{12}{5}x = x + 21$$
$$\frac{7}{5}x = 21$$
$$x = 15$$

(イ) 砂糖水 300g の中の砂糖の量は，

$$15 + 21 = 36 \text{ (g)}$$
└(ア)の $x + 21$ に $x = 15$ を代入

8% の砂糖水 $(300 + y)$ g の中の砂糖の量は，
　　　　　　└水 y g を加えた砂糖水の量

$$(300 + y) \times \frac{8}{100} = 24 + \frac{2}{25}y \text{ (g)}$$

砂糖の量は変わらないから，

$$36 = 24 + \frac{2}{25}y$$
$$\frac{2}{25}y = 12$$
$$y = 150$$

(2) 3% の砂糖水の量を z g とおく。

3% の砂糖水 z g の中の砂糖の量は，

$$z \times \frac{3}{100}$$

16% の砂糖水 $(780 - z)$ g の中の砂糖の量は，
$$(780 - z) \times \frac{16}{100}$$ └(16% 砂糖水の量)
　　　　　　　　　　　　　　 ＝(全体の量)－(3% 砂糖水の量)

12% の砂糖水 780 g の中の砂糖の量は，

$$780 \times \frac{12}{100}$$

砂糖の量で等式をたてると，

$$z \times \frac{3}{100} + (780 - z) \times \frac{16}{100} = 780 \times \frac{12}{100}$$
$$3z + 16(780 - z) = 780 \times 12$$
$$13z = 3120$$
$$z = 240$$

よって，3% の砂糖水 240 g

16% の砂糖水 540 g
　　　　　　└780 － 240

100 1と6, 2と5, 3と4

解説 裏にした2枚のカードの数の絶対値の和を x とする。1から10までの自然数の和は 55 であるから,

$$55 - 2x = 41$$

（1から10までの自然数の和から, 裏にした表の数の和 x も加えているので, x をひく。さらに, 裏にした数の和の $-x$ を加えると, 41 になっている）

$$-2x = -14$$
$$x = 7$$

和が7となる2数の組み合わせは,

1と6, 2と5, 3と4

101 20秒後

解説 x 秒後であるとする。

$$\frac{180 - 4x}{20} = \frac{390 - 12x}{30}$$

（水そうAには元々 $20 \times 9 = 180$ (cm³) の水が入っている。x 秒後には $(180 - 4x)$ cm³ の水が残っており, これを底面積でわると高さが出る）

（水そうBには元々 $30 \times 13 = 390$ (cm³) の水が入っている。x 秒後には $(390 - 12x)$ cm³ の水が残っており, これを底面積でわると高さが出る）

$$\frac{90 - 2x}{10} = \frac{130 - 4x}{10}$$
$$90 - 2x = 130 - 4x$$
$$x = 20$$

102 (1) $n + 16$　　(2) 66

解説 (1) 1番小さい数が n のとき, 1番大きい数は,

$$n + 14 + 2 = n + 16$$

（n のある行の2行下の数より, 2つ右にある数）

(2) 1番大きい数を x とおく。

このxのある段の1段上には, $x - 8$, $x - 6$ があり, さらにもう1段上には, $x - 16$, $x - 12$ があるので,

$$(x - 16) + (x - 12) + (x - 8) + (x - 6) + x = 288$$
$$5x - 42 = 288$$
$$x = 66$$

4 比例と反比例

103 ⑦, ⑦, ⑦, ⑦

解説 x の値が決まると y の値が1つだけ決まるものを選ぶ。

⑦　$y = \pi x$

⑦　$y = x(15 - x)$

⑦　$y = 40x$

⑦　身長が決まっても座高は1つの値に決まらないので, 関数ではない。

⑦　$y = \pi x^2$

⑦　おうぎ形の弧の長さが決まっても, 半径の値により中心角は変わるから, y は x の関数ではない。

おうぎ形の半径を r とすると, $x = 2\pi r \times \dfrac{y}{360}$

すなわち, $y = \dfrac{180}{\pi r}x$ ←（x の値を1つ決めても, r の値によって y の値が変わってくる）

104

(1)
枚数(枚)	1	2	3	4	5	6
長さ(cm)	12	23	34	45	56	67

(2)
x	1	2	3	4	5	6
y	60	115	170	225	280	335

解説 (1) 横の長さは, 重なる部分をひくので,

2枚のとき, $2 \times 12 - 1$

3枚のとき, $3 \times 12 - 2$

4枚のとき, $4 \times 12 - 3$

5枚のとき, $5 \times 12 - 4$

6枚のとき, $6 \times 12 - 5$

(2) (1)より, 横の長さがわかるから,

2枚のとき, 5×23

3枚のとき, 5×34

4枚のとき, 5×45

5枚のとき, 5×56

6枚のとき, 5×67

105 (1) $0 \leqq x \leqq 30$, $0 \leqq y \leqq 30$
(2) $0 \leqq x \leqq 12$, $0 \leqq y \leqq 1800$

解説 (1) 30 cm のひもから x cm 切り取るのだから, $0 \leqq x \leqq 30$

$y = 30 - x$　だから, $0 \leqq y \leqq 30$

(2) 高さは，12 cm の直方体なので，

$$0 \leqq x \leqq 12$$

体積がいっぱいになるのは，

$$10 \times 15 \times 12 = 1800 \, (\text{cm}^3)$$

だから，

$$0 \leqq y \leqq 1800$$

---

106 (1) $a = -1$, $b = -20$

(2) $a = 2$, $b = 3$

解説 (1) 比例定数は，-5

(2) 比例定数は，24

---

107 (1) ○　　(2) ○　　(3) △

(4) ×　　(5) △　　(6) ×

解説　それぞれ，y を x で表す。

(1) $y = 30x$ …比例

(2) $y = 12x$ …比例

(3) $y = \dfrac{8}{x}$ …反比例

(4) $y = 70 - x$ …どちらでもない

(5) $y = \dfrac{100}{x}$ …反比例

(6) $y = \pi x^2$ …どちらでもない

⤴ 得点アップ

今後はいろいろな関数を学ぶ（1年：比例・反比例，2年：1次関数，3年：関数 $y = ax^2$）。高校に入ると，また新たな関数がたくさん出てくる。そこで，関数の入門である比例・反比例を完璧に押さえておきたい。

比例	反比例
・$y = ax$ 　（a：比例定数）	・$y = \dfrac{a}{x}$ 　（a：比例定数）
a は，$\dfrac{(y \text{の増加量})}{(x \text{の増加量})}$	a は，$(x \text{の値}) \times (y \text{の値})$
関数 $y = ax$ のグラフは，	関数 $y = \dfrac{a}{x}$ のグラフは，
・原点と点 $(1, a)$ 　を通る直線	・点 $(1, a)$ と $(a, 1)$ 　を通る曲線（双曲線という）
・$a > 0$ なら増加関数 　（右上がりの直線） 　$a < 0$ なら減少関数 　（右下がりの直線）	・$a > 0$ なら減少関数 　（右下がりの曲線） 　$a < 0$ なら増加関数 　（右上がりの曲線）

---

108 (1) $y = -3x$

(2) $y = 6$

(3) ① $y = -\dfrac{4}{3}x$

② $x = -\dfrac{9}{2}$

(4) $y = 2x$

解説 (1) 求める式を $y = ax$ とおくと，

$$-18 = a \times 6 \quad \text{より，} \quad a = -3$$

よって，$y = -3x$

(2) 比例定数を a とおくと，

$$a = \dfrac{-9}{3} = -3$$

より，$y = -3x$ であるから，$x = -2$ のとき，

$$y = -3 \times (-2) = 6$$

(3) ① 比例定数は，$\dfrac{-4}{3} = -\dfrac{4}{3}$ だから，

$$y = -\dfrac{4}{3}x$$

② $y = 6$ のとき，$6 = -\dfrac{4}{3}x$ より，

$$x = -\dfrac{9}{2}$$

(4) $y = \dfrac{1}{2} \times 4 \times x$ だから，$y = 2x$

---

109 (1) 2L　　(2) $y = 2x$

(3)

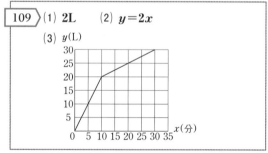

解説 (1) グラフを読みとると，5分間で 10 L ずつ増しているから，1分間では，2 L ずつ増している。

(2) (1) より，比例定数は 2 であるから，

$$y = 2x$$

(3) 1分で 0.5 L ずつ増すから，10分で 5 L ずつ増す。よって，10 右に進んで 5 上がるような直線をかく。

110 (1) **8**　　　　(2) $y=-\dfrac{12}{x}$

(3) $x=-3$　　(4) $y=-9$

(5) $b=3$

解説 (1)　比例定数は，$\underset{\underset{\substack{\llcorner \text{反比例は，}\ xy=a \\ (a：比例定数)}}{}}{2\times4=8}$

(2)　比例定数は，$3\times(-4)=-12$

(3)　比例定数は，$3\times(-2)=-6$

　　よって，$y=2$ のとき，$x=\dfrac{-6}{2}=-3$

(4)　比例定数は，$3\times6=18$

　　よって，$x=-2$ のとき，$y=\dfrac{18}{-2}=-9$

(5)　比例定数は，$6\times1=6$

　　よって，$b=\dfrac{6}{2}=3$

111 (1) $a=-3,\ b=6$　　(2) $a=4,\ b=12$

(3) $\dfrac{8}{7}\leqq y\leqq\dfrac{8}{5}$　　　　(4) $2\leqq y\leqq8$

解説 (1)　比例定数は，$\dfrac{-6}{2}=-3$ であるから，x

の値が増加すると y の値は減少する。

　　$x=-2$ のとき，$y=6$

　　$x=1$ のとき，$y=-3$

(2)　比例定数は，$3\times8=24$ であるから，x の値が

増加すると，y の値は減少する。

　　$x=2$ のとき，$y=12$

　　$x=6$ のとき，$y=4$

(3)　$y=\dfrac{a}{x}$ とおくと，

　　$x=2$ のとき，$y=\dfrac{a}{2}$

　　$x=4$ のとき，$y=\dfrac{a}{4}$

　　だから，$\dfrac{a}{4}-\dfrac{a}{2}=-2$

　　　　　　　$a=8$

比例定数が正なので，x の値が増加すると y の値

は減少する。

　　$x=5$ のとき，$y=\dfrac{8}{5}$

　　$x=7$ のとき，$y=\dfrac{8}{7}$

(4)　$xy=8$ より，比例定数が正なので，x の値が増

加すると y の値は減少する。

　　$x=1$ のとき $y=8$，$x=4$ のとき $y=2$

112 (1) $y=-\dfrac{1}{2}x$　　(2) $(2,\ 3)$

解説 (1)　比例定数は，$\dfrac{-2}{4}=-\dfrac{1}{2}$

(2)　点 A の y 座標は，$y=\dfrac{6}{-2}=-3$

　　よって，点 $A(-2,\ -3)$ と原点 O について対称

な点は，$\underset{\underset{\substack{\llcorner x\text{座標と}\ y\text{座標の符号を変える}}}{}}{(2,\ 3)}$

113 (1) $\dfrac{3}{2}$　　　(2) **10個**

解説 (1)　点 A は①上の点であるから，その y 座

標は，

　　$y=3\times(-2)=-6$

②は点 $A(-2,\ -6)$ を通るから，比例定数は，

　　$(-2)\times(-6)=12$

よって，②の表す方程式は，$y=\dfrac{12}{x}$ であるから，

点 B の y 座標は，

　　$y=\dfrac{12}{8}=\dfrac{3}{2}$

(2)　$y=\dfrac{6}{x}\ (x>0)$ より，下側にある点は，

$\underset{\underset{\substack{\llcorner \text{まず}\ x\text{座標が}1\text{である点を考えると，}(1,\ 6)\text{はグラ}\\ \text{フ上の点だからふくまない}}}{}}{(1,\ 1),\ (1,\ 2),\ (1,\ 3),\ (1,\ 4),\ (1,\ 5)}$

$\underset{\underset{\substack{\llcorner x\text{座標が}2\text{である点は，}(2,\ 3)\text{がグラフ上の点とな}\\ \text{るので，この}2\text{個}}}{}}{(2,\ 1),\ (2,\ 2)}$

$\underset{\underset{\substack{\llcorner x\text{座標が}3\text{である点は，}(3,\ 2)\text{がグラフ上の点とな}\\ \text{るのでこの}1\text{個}}}{}}{(3,\ 1)}$

$\underset{\underset{\substack{\llcorner x\text{座標が}4\text{である点は，}(4,\ 2)\text{がグラフより上側に}\\ \text{あるのでこの}1\text{個}}}{}}{(4,\ 1)}$

$\underset{\underset{\substack{\llcorner x\text{座標が}5\text{である点は，}(5,\ 2)\text{がグラフより上側に}\\ \text{あるのでこの}1\text{個}}}{}}{(5,\ 1)}$

の 10 個である。

※ x 座標が 6 である点は，$(6,\ 1)$ がグラフ上の点なので，
ない

114 (1) $y=\dfrac{1}{5}x$ (2) $y=\dfrac{16}{x}$

解説 (1) ペットボトル 20 本につき, ワイシャツ 4 枚できるので,

$$20:4=x:y$$
$$20y=4x$$
$$y=\dfrac{1}{5}x$$

(2) 毎秒 x L の割合で入れると y 秒で 16 L になるので,

$$xy=16$$
$$y=\dfrac{16}{x}$$

115 (1) ⑦ (2) ⑦

解説 (1) x と y の関係は, $xy=12$

すなわち, $y=\dfrac{12}{x}$ であるから, ⑦

(2) 10 cm の重さが 2 g であるから,

400 g の長さ x cm は,

$$10:2=x:400$$
$$2x=4000$$
$$x=2000 \text{ (cm)}$$

メートルに直すと, 20 m であるから, ⑦

116 (1) $b=6$ (2) $z=2$ (3) $z=-9$

解説 (1) $x=3$ のとき $y=2b$ だから, 比例定数は,

$6b$ で, $y=\dfrac{6b}{x}$ となる。

$x=y$ とすると, $x^2=6b$

x, b は整数より, 最も小さい b の値は, 6

(2) $x:y=5:6$ より, $5y=6x$

$$y=\dfrac{6}{5}x$$

また, z は y に反比例しているから, $z=\dfrac{a}{y}$ とおける。

よって, $z=\dfrac{a}{\dfrac{6}{5}x}=\dfrac{5a}{6x}$

$x=20$ のとき $z=4$ であるから,

$$4=\dfrac{5a}{6\times20}$$
$$a=24\times4=96$$

したがって, $z=\dfrac{80}{x}$ であるから, $x=40$ のとき,

$$z=\dfrac{80}{40}=2$$

(3) y は x に反比例して, $x=3$ のとき $y=2$ であるから,

$$y=\dfrac{6}{x}$$

z は y に比例して, $y=2$ のとき $z=6$ であるから,

$$z=3y$$

したがって, $z=3\times\dfrac{6}{x}=\dfrac{18}{x}$ だから,

$x=-2$ のとき,

$$z=\dfrac{18}{-2}=-9$$

117 (1) 14 (2) $a=1$ (3) $y=-2x$

解説 (1) 比例定数は負の数であるので, x が増加すると y は減少する。

$x=-6$ のとき $y=\boxed{}$ で, $x=3$ のとき $y=-7$ であるから, 比例定数は, $-\dfrac{7}{3}$

したがって, $x=-6$ のとき,

$$y=-6\times\left(-\dfrac{7}{3}\right)=\boxed{14}$$

(2) 比例定数の値が正のとき,

$$\begin{cases} x=3 \text{ のとき } y=a \\ x=12 \text{ のとき } y=4 \end{cases}$$

であるから, $3:a=12:4$

$$12a=12$$
$$a=1$$

比例定数の値が負のとき,

$$\begin{cases} x=3 \text{ のとき } y=4 \\ x=12 \text{ のとき } y=a \end{cases}$$

であるが, 比例定数は, $\dfrac{4}{3}$ (>0) であるから, 負であることに適さない。

(3) y は x に比例して, x の値が -3 から 2 まで増加するとき, y の値は 10 減少するので, 比例定数は,

$$\dfrac{-10}{2-(-3)}=\dfrac{-10}{5}=-2$$

よって, $y=-2x$

118 (1) $a=4$ (2) ① $\dfrac{4}{t}$ ② 4

(3) t と V の関係…エ

t と W の関係…ア

解説 (1) $P\left(t,\ \dfrac{a}{t}\right)$, $Q\left(t,\ 0\right)$, $R\left(0,\ \dfrac{a}{t}\right)$ とおける。

$t=2$ のとき，四角形 OQPR は正方形になったことから，OQ＝OR

$$t=\dfrac{a}{t}$$

$t=2$ より，$2=\dfrac{a}{2}$

すなわち，$a=4$

(2) (1)より，$OR=\dfrac{a}{t}=\dfrac{4}{t}$ $OQ=t$

だから，（四角形 OQPR）$=t\times\dfrac{4}{t}=4$

(3) $V=\pi\times OR^2\times OQ=\pi\times\left(\dfrac{4}{t}\right)^2\times t$

$=\dfrac{16\pi}{t}\cdots$エ

└─比例定数は 16π で，正

$W=\pi\times OQ^2\times OR=\pi\times t^2\times\left(\dfrac{4}{t}\right)$

$=4\pi t\cdots$ア

└─比例定数は 4π で，正

---

119 (1) 9 (2) 8

解説 (1) 点 P の x 座標を t とおくと，

$P\left(t,\ \dfrac{18}{t}\right)$ と表せる。

よって，△OPR の面積は，

$\dfrac{1}{2}\times OR\times PR=\dfrac{1}{2}\times t\times\dfrac{18}{t}=9$

(2) 点 Q の x 座標は点 P の x 座標の 3 倍だから，

$Q\left(3t,\ \dfrac{6}{t}\right)$ と表せる。

直線 OQ は $y=\dfrac{\dfrac{6}{t}}{3t}x=\dfrac{2}{t^2}x$

点 S の y 座標は，$y=\dfrac{2}{t^2}\times t=\dfrac{2}{t}$

だから，$S\left(t,\ \dfrac{2}{t}\right)$

よって，△OPS の面積は，

$\dfrac{1}{2}\times PS\times OR=\dfrac{1}{2}\times\left(\dfrac{18}{t}-\dfrac{2}{t}\right)\times t=\dfrac{1}{2}\times\dfrac{16}{t}\times t=8$

---

120 (1) A(3, 6) (2) $a=2$

(3) 6 個 (4) $\pm\dfrac{9}{2}$

解説 (1) 点 A は $y=\dfrac{18}{x}$ 上にあり，y 座標が 6 であるから，x 座標は，$6=\dfrac{18}{x}$ で，$x=3$

(2) ①は点 A(3, 6)を通るから，

$6=3a$

よって，$a=2$

(3) ②は，$xy=18$ と変形できる。

x も y もともに自然数である組は，

x	1	2	3	6	9	18
y	18	9	6	3	2	1

の 6 組であるから，6 個

(4) 点 P は①上の点であるから，$P(t,\ 2t)$ とおける。

　△OPQ

$=\dfrac{1}{2}\times OQ\times$（点 P の x 座標の絶対値）

$=\dfrac{1}{2}\times 8\times |t|$

$=4|t|$

（四角形 OBAC の面積）$=OB\times OC$

$=3\times 6$

$=18$

よって，$4|t|=18$

$|t|=\dfrac{9}{2}$

$t=\pm\dfrac{9}{2}$

---

121 (1) $m=4$ (2) $t^2=2$

解説 (1) ①と②の交点の x 座標が 2 であるから，y 座標は，

①の式：$y=x$ により，$y=2$

②が点(2, 2)を通るから，$m=2\times 2=4$

(2) 点 B の x 座標を $t\ (t>0)$ とするから，

$B(t,\ t)$, $A\left(t,\ \dfrac{4}{t}\right)$, $E(t,\ 0)$

点 C, F の y 座標は，点 B の y 座標に等しいから，

$C\left(\dfrac{4}{t},\ t\right)$, $F(0,\ t)$

よって，$D\left(\dfrac{4}{t},\ \dfrac{4}{t}\right)$ と表せることもわかる。

$$(正方形\ ABCD) = \left(\frac{4}{t} - t\right) \times \left(\frac{4}{t} - t\right)$$

$$= \frac{4 - t^2}{t} \times \frac{4 - t^2}{t}$$

$$= \frac{(4 - t^2)(4 - t^2)}{t^2}$$

$$(正方形\ OEBF) = t \times t = t^2$$

したがって，$\dfrac{(4 - t^2)(4 - t^2)}{t^2} = t^2$

$$(4 - t^2)(4 - t^2) = t^4$$

$$4(4 - t^2) - t^2(4 - t^2) = t^4$$

$$16 - 4t^2 - 4t^2 + t^4 = t^4$$

$$16 - 8t^2 = 0$$

$$t^2 = 2$$

---

122 比例する　　比例定数…π＋1

解説

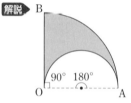

かげの部分の周の長さ y は，

$y = \overset{\frown}{\mathrm{OA}} + \overset{\frown}{\mathrm{AB}} + 線分\mathrm{OB}$ で表される。

$\overset{\frown}{\mathrm{OA}}$ は，半径 $\dfrac{x}{2}$, 中心角 $180°$ のおうぎ形の弧なの

で，$\overset{\frown}{\mathrm{OA}} = 2\pi \times \dfrac{x}{2} \times \dfrac{180°}{360°} = \pi x \times \dfrac{1}{2} = \dfrac{1}{2}\pi x$

$\overset{\frown}{\mathrm{AB}}$ は，半径 x, 中心角 $90°$ のおうぎ形の弧なので，

$\overset{\frown}{\mathrm{AB}} = 2\pi \times x \times \dfrac{90°}{360°} = 2\pi x \times \dfrac{1}{4} = \dfrac{1}{2}\pi x$

これらより，

$y = \dfrac{1}{2}\pi x + \dfrac{1}{2}\pi x + x$

$\quad = \pi x + x$

$\quad = (\pi + 1)x$

よって，y は x に比例し，比例定数は $\pi + 1$ である。

↗ 得点アップ

おうぎ形の弧の長さ ℓ,
おうぎ形の面積 S, 半径 r
とすると，

おうぎ形の弧 ℓ

おうぎ形の弧の長さ $\ell = 2\pi r \times \dfrac{中心角}{360}$

おうぎ形の面積 $S = \pi r^2 \times \dfrac{中心角}{360} = \dfrac{1}{2}\ell r$

123

(1) $a = \dfrac{2}{5}$, $b = 10$

(2) $\dfrac{175}{3}\pi$

(3) $\dfrac{7}{4}$

解説　(1)　点 $\mathrm{A}(5,\ 2)$ は，$y = ax$ 上の点であるから，

$$2 = 5a \qquad a = \frac{2}{5}$$

点 $\mathrm{A}(5,\ 2)$ は，$y = \dfrac{b}{x}$ 上の点であるから，

$$b = 5 \times 2 = 10$$

(2)

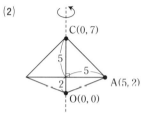

求める立体の体積は，

$$\frac{1}{3} \times \pi \times 5^2 \times 5 + \frac{1}{3} \times \pi \times 5^2 \times 2$$

$$= \frac{1}{3} \times \pi \times 5^2 \times (5 + 2)$$

$$= \frac{175}{3}\pi$$

(3)

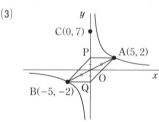

$$\triangle \mathrm{OAC} = \frac{1}{2} \times 7 \times 5 = \frac{35}{2}$$

$$\square \mathrm{APBQ} = 2\triangle \mathrm{APQ} = 2 \times \frac{1}{2} \times \mathrm{PQ} \times 5 = 5\mathrm{PQ}$$

題意より，$5\mathrm{PQ} = \dfrac{35}{2}$

よって，$\mathrm{PQ} = \dfrac{7}{2}$

ここで，平行四辺形の性質により，$\mathrm{OP} = \mathrm{OQ}$
  └─平行四辺形の対角線の交点は，それぞれを2
　　等分する

であるから，$\mathrm{OP} = \dfrac{7}{4}$

よって，点 P の y 座標は，$\dfrac{7}{4}$

124 OA：AC＝3：1

RP：RQ＝7：5

解説 OA：OD＝5：7 から，OA＝5m，OD＝7m
とおくことができる。m は正の数である。
長方形 OARD と長方形 DRPB の面積比が3：1だ

から，DB＝$\frac{7}{3}m$ と表すことができ，

OB＝OD＋DB＝7m＋$\frac{7}{3}m$＝$\frac{28}{3}m$ となる。

点 P の座標は P$\left(5m, \frac{28}{3}m\right)$ とおくことができ，こ

れが $y=\frac{k}{x}$ のグラフ上にあるから，

$\frac{28}{3}m=\frac{k}{5m}$ これより，$k=\frac{140}{3}m^2$

反比例の式は，

$y=\frac{140}{3}m^2\times\frac{1}{x}=\frac{140}{3x}m^2$

$y=\frac{140}{3x}m^2$ において，$y=7m$ のとき，

$7m=\frac{140}{3x}m^2$ を x について解くと，$x=\frac{20}{3}m$

このとき，AC＝OC－OA＝$\frac{20}{3}m－5m＝\frac{5}{3}m$

よって，OA：AC＝5m：$\frac{5}{3}m=\frac{15}{3}m：\frac{5}{3}m$＝3：1

RP：RQ＝DB：AC＝$\frac{7}{3}m：\frac{5}{3}m$＝7：5

得点アップ

　本問のように，単に比を求めるだけならば，OA＝5，OD＝7としても，もちろん結果は同じになるが1つの例に限定した場合しか述べていないことになるので，解き方としては避けたい。

　例えば，本問とは逆に，いくつかの辺の長さの方が文字を使って与えられており，ある条件を満たすときの「OA：OD を最も簡単な整数の比で表せ」という問題になると，解答にあるように文字が残り続けて，最後の比を出す時点で文字を外すことになる。整数比を出す場合は最後に文字を外せるようになっているのだから，上手く文字を使いこなしていこう。

125 (1) B$\left(5, \frac{11}{2}\right)$　(2) 9

(3) D$(6, 3)$または D$(-6, -3)$

解説 (1)
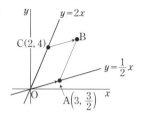

問題の条件から，

A$\left(3, \frac{3}{2}\right)$，C$(2, 4)$

がわかる。
四角形 OABC は平行四辺形であるから，
原点 O から点 A までの移動

$\begin{cases} x\text{軸方向へ}+3 \\ y\text{軸方向へ}+\frac{3}{2} \end{cases}$

と，点 C から点 B までの移動が一致するから，

$2+3=5$，$4+\frac{3}{2}=\frac{11}{2}$

点Cの x 座標　点Cの y 座標

よって，B$\left(5, \frac{11}{2}\right)$

(2)
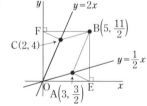

点 B から x 軸，y 軸にそれぞれ，垂線 BE，BF をひくと，
（□OABC）＝（長方形OEBF）

　$-2\times\triangle$OEA
　　　△OEA と △BFC の面積は等しい

　$-2\times\triangle$OCF
　　　△OCF と △BAE の面積は等しい

$=5\times\frac{11}{2}-2\times\frac{1}{2}\times5\times\frac{3}{2}$

$-2\times\frac{1}{2}\times\frac{11}{2}\times2$

$=\frac{55}{2}-\frac{15}{2}-11=9$

(3)

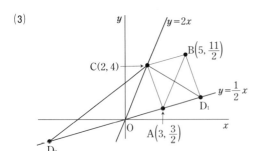

△ABC と △AD₁C の面積が等しくなるような点
D₁ を求めればよい。

$$\triangle ABC = \triangle OAC$$

であるから，

$$\triangle OAC = \triangle AD_1C$$

となるような点 D₁ は

$$OD_1 = 2OA$$

を満たすから，

D₁(6, 3)

また，△OD₁C と面積が等しい △OCD₂ がとれ，
点 D₂ は，点 D₁ と原点に関して対称な点である
から，

D₂(−6, −3)

求める点 D は，点 D₁, D₂ である。

---

126 (1) **B(6, 2)** (2) (ア)…**12** (イ)…$\dfrac{b}{3}$

(ウ)…**3a** (エ)…**1** (オ)…**3**

解説 (1)

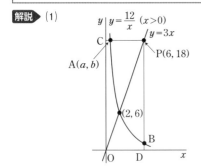

$a = \dfrac{2}{3}$ のとき，$b = \dfrac{12}{a}$ であるから，

$$b = \dfrac{12}{\dfrac{2}{3}} = 12 \div \dfrac{2}{3} = 18$$

よって，点 P の y 座標は 18 であるから，x 座標
は，

$$18 = 3x$$

$$x = 6$$

よって，点 B の x 座標は 6 であるから，y 座標
は，

$$y = \dfrac{12}{6} = 2$$

したがって，B(6, 2)

(2) $y = \dfrac{12}{x}$ ⇔ $xy = 12$

であるので，この双曲線上の点の x 座標と y 座
標の積は 12 である。 →(ア) 12

点 P の y 座標は b であるから，x 座標は，

$$b = 3x$$

$$x = \dfrac{b}{3} \quad →(イ)\ \dfrac{b}{3}$$

点 B の y 座標を c とおくと，

$$\dfrac{b}{3} \times c = 12 \cdots ②$$

①，②から，$\dfrac{b}{3} \times c = ab$

よって，$c = 3a \quad →(ウ)\ 3a$

以上より，

$$AC : BD = a : 3a$$

$$= 1 : 3 \quad →(エ)\ 1,\ (オ)\ 3$$

5 平面図形

127 (1) ①…線分　　②…半直線

(2) ③…中点　　④…$\dfrac{1}{2}$　　⑤…2

(3) ⑥…距離　　⑦…垂線　　⑧…距離

⑨… //　　⑩…EF

(4) ⑪ ㋑

(5) ⑫ ∠

128 (1) ① ∠a＝8°, ∠b＝90°, ∠c＝82°

∠d＝90°

② 直線 n

(2) ① ㋐ 1　　㋑ 平行　　㋒ //

㋓ 距離

② ㋔ 垂直　　㋕ ⊥　　㋖ 垂線

㋗ 距離

129 (1) 移動　　(2) 平行移動

(3) 平行　　(4) 等しい

(5) 回転移動　　(6) 回転の中心

(7) 等しい　　(8) 点対称移動

(9) 軸　　(10) 対称移動

(11) 対称の軸　　(12) 垂直に 2 等分

(13) 合同

130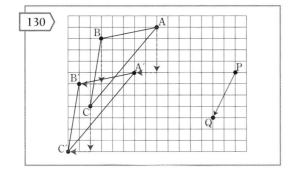

131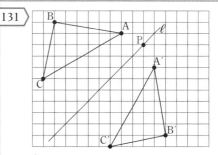

└─直線 ℓ 上の点 P に対して，点 P から点 A への移動（上に 1，左に 2）から点 A′ は点 P から右に 1，下に 2 移動した点である

解説 直線 ℓ 上にある点を基準にして考え，3 点 A，B，C への移動を求める。その基準にした点から，

上 → 右
下 → 左
右 → 上
左 → 下
│の移動に変えた点が，

それぞれ，点 A′，B′，C′ である。

※ 直線 ℓ が，右に 1，上に 1 進んだ点を通る直線のときに限り上記が成り立つ。

※ 対称の軸が，右に 1，上に 1 進んだ点を通る直線でない場合は，定規とコンパスを用いて，

① 点 A，B，C を中心とし，対称の軸と交点をもつように円弧をかく。

② その円弧と同じ半径で，対称の軸と円弧の 2 つの交点から，対称の軸に関して △ABC と反対側に円弧をかく。

③ ②でかいた 2 つの円弧の交点を，それぞれ A′，B′，C′ とすればよい。

(例)

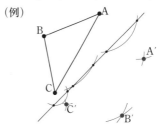

132

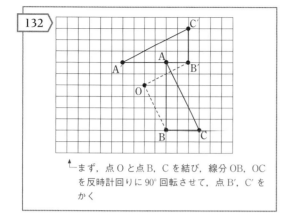

└→ まず，点 O と点 B，C を結び，線分 OB，OC
を反時計回りに 90° 回転させて，点 B′，C′ を
かく

133 (1) ①…**AB**　　②…**CD**　　③…**AB**

　　④…**CD**　　⑤…**中心角**

　　⑥…**等しい**

(2) ⑦…**直径**　　⑧…**中心**

　　⑨…**直径**　　⑩…**中心**

(3) ⑪…**垂直**

(4) ⑫…**線対称**　　⑬…**中心角**

134 ∠**x**＝**55°**，∠**y**＝**40°**

解説 $2\angle x + 70° = 180°$　より，

$$\angle x = 55°$$

∠AOB＝360°－150°－70°＝140° で，
円 O の中心から接点にひいた直線は，接線と直交
するから，

$$\angle y = 360° - (90° + 90° + 140°)$$
$$= 40°$$

135 (1)

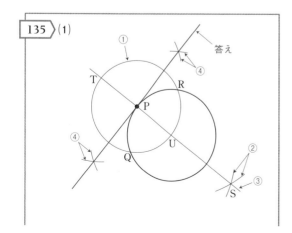

(2)

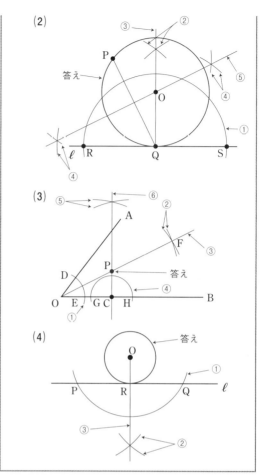

(3)

(4)

解説 いずれも「点 P における円 O の接線は半径
OP と垂直である」ことを利用する。

(1) ①　点 P を中心とする円をかき，もとの円と
の交点を Q，R とおく。

②　点 Q，R を中心とする同じ半径の円弧をか
き，その交点を S とする。

③　点 P と S を直線で結ぶ。　←この直線はもとの

④　③の直線と①の円の交点を ←円の中心を通る

T，U とするとき，点 T，U を中心とする同
じ半径の円弧をかき，その交点を直線で結
ぶ。　←点 P を通り③の直線に垂直な直線，すなわ
ち点 P における接線がかけたことになる

(2) ①　点 Q を中心とする半円をかき，直線 ℓ と
の交点を R，S とおく。

②　点 R，S を中心とする同じ半径の円弧をか
く。

③　②の交点と点 Q とを直線で結ぶ。

└→点 Q を通り，直線 ℓ に垂直な直線がかけた

④⑤　線分 PQ の垂直二等分線をひき，③の直
線との交点を O とする。

点 O を中心とし，半径 OP の円をかく。

線分 PQ の垂直二等分線と点 Q を通る直線 ℓ の垂線の交点
を O とすると, OP＝OQ かつ OQ⊥ℓ となっているから,
点 O を中心とし, 点 P（または Q）を通る円をかけばよい

(3) ① 点 O を中心として適当な半径の円弧をか
く。

② ①の円と半直線 OA, OB との交点をそれ
ぞれ D, E とするとき, 点 D, E を中心とし
て同じ半径の円弧をかく。

③ ②の円弧の交点 F と点 O を直線で結ぶ。
└∠AOB の角の二等分線をかいた

④ 点 C を中心とし, 適当な半径の円をかき,
半直線 OB との交点を G, H とおく。

⑤⑥ 点 C を通り, 半直線 OB に垂直な直線
をひく。③でかいた直線との交点が求める点
P である。

点 P は, PC⊥OB, 点 P から半直線 OA, OB への距離が
等しいので, 点 C を通り半直線 OB に垂直な直線と
∠AOB の二等分線との交点をかけばよい

(4) ① 点 O を中心とし, 直線 ℓ と 2 点で交わる
ような円弧をかく。

②③ ①でかいた円弧と直線 ℓ との交点を P,
Q とするとき, 点 P, Q から同じ半径の円弧
をかき, その交点と点 O とを直線で結ぶ。

③でかいた直線と直線 ℓ との交点を R とす
ると, 点 O を中心とし, 半径 OR の円をか
けばよい。

点 O を通り, 直線 ℓ に垂直な直線をかくと, それと ℓ との
交点が求める円の直線 ℓ との接点である

136〉(1) **33°**　　(2) **76°**

解説▶ (1)

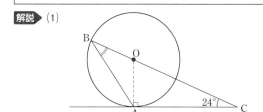

点 O と A を直線で結ぶと, 点 A は円 O の接点
であるから,
　∠OAC＝90°
したがって,
　∠AOB＝∠OAC＋∠OCA
　　　　＝90°＋24°
　　　　＝114°
△OBA は OA＝OB の二等辺三角形であるから,
　∠OBA＝∠OAB
よって,

　∠ABC＝$\frac{1}{2}$×(180°−114°)

　　　　　　‿‿‿‿‿‿‿‿‿‿‿‿‿‿‿‿‿‿‿‿
　　　　　　└△OBA の内角の和は 180°

　　　　＝33°

(2)

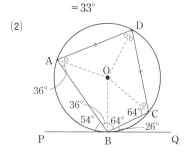

円の中心 O と点 A, B, C, D とを直線で結ぶ。
　∠OBP＝∠OBQ＝90°
だから,
　∠OBA＝90°−54°＝36°
　∠OBC＝90°−26°＝64°
△OAB, △OBC は二等辺三角形だから,
　∠OAB＝∠OBA＝36°
　∠OCB＝∠OBC＝64°
△ODA と △OCD は合同な二等辺三角形なので,
　∠OAD＝∠ODA＝∠ODC＝∠OCD
よって, ∠OAD＝$\frac{1}{4}$(360°−36°×2−64°×2)
　　　　　　　＝40°
　∠BAD＝∠OAB＋∠OAD
　　　　＝36°＋40°＝76°

137〉(1) **(3π＋27) cm**　　　(2) **$\frac{4}{3}\pi$ cm²**

　　　(3) ① **$a＝\frac{2}{3}$**　　② **$\frac{16}{3}\pi$**

解説▶ (1) ひもの曲がった部
分の長さの和は, 円周と同
じ長さであるから,
　3π＋9×3
＝3π＋27 (cm)

(2) かげの部分の面積の和
は, 中心角が 120° のおう
ぎ形の面積と等しいから,
　4π×$\frac{120}{360}$

＝$\frac{4}{3}\pi$ (cm²)

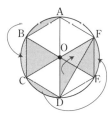

(3) ① △OAB は正三角

形であるから,

$OC = OA + AC$

$\quad = AB + AC$

よって, $2a + a = 2$

$\qquad a = \dfrac{2}{3}$

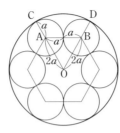

② 1つの弧に対する中心角は,

$360° - \underset{\underset{\text{正三角形の内角2つ分}}{\underbrace{\qquad\qquad}}}{120°} = 240°$

よって,

$\left(2\pi \times \dfrac{2}{3} \times \dfrac{240°}{360°}\right) \times 6 = \dfrac{16}{3}\pi$

---

138 6π **cm²**

解説

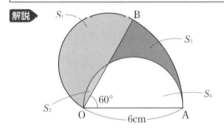

上の図のように, S_1, S_2, S_3, S_4 の部分に分けて考えると, 求める面積は, $S_1 + S_3$

ここで, $OA = OB$ であるから, 線分 OA を直径とする半円と線分 OB を直径とする半円の面積は等しい。よって,

$\quad S_1 + S_2 = S_2 + S_4$

したがって,

$\quad S_1 = S_4$

ゆえに, 求める面積

$S_1 + S_3 = S_4 + S_3$

$\qquad = (\text{半径 6 cm, 中心角 60°のおうぎ形の面積})$

$\qquad = \pi \times 6^2 \times \dfrac{60}{360}$

$\qquad = 6\pi$

---

139 (1)

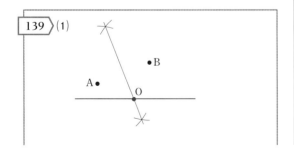

---

(2)

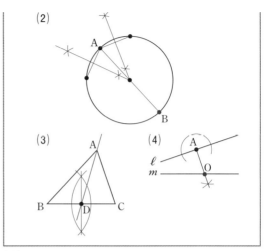

(3)　　　　　(4)

解説 (1) 点 A, B を通る円の中心は, 点 A からも点 B からも等距離にある点だから, 線分 AB の垂直二等分線上の点である。

(2) 異なる2本の弦をひき, その垂直二等分線の交点に円の中心 O をとり, 直線 AO をかく。円との交点で点 A ではない方が点 B である。

(3) 点 A を通り, △ABC の面積を2等分する直線は, 線分 BC の中点を通ればよいから, 線分 BC の垂直二等分線を作図し, 線分 BC との交点を D とおくと, 直線 AD をかけばよい。

(4) 点 A で直線 ℓ と接するようにするので, $OA \perp \ell$ である。点 A を通る直線 ℓ の垂線をかき, 直線 m との交点を O とすればよい。

---

140 (1)

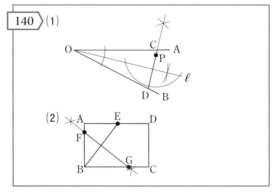

(2)

解説 (1) 二等辺三角形の性質「頂点から底辺に垂線を下ろすと, その垂線は頂角を2等分する」を用いる。

∠AOB の二等分線 ℓ を作図し, 点 P を通り, 直線 ℓ に垂直な直線をかく。線分 OA, OB との交点をそれぞれ点 C, D とすればよい。

(2) 線分 EB の垂直二等分線と, 辺 AB との交点が点 F, 辺 BC との交点が点 G である。

141

解説 線分 AB を B 方向に延長した直線上の 1 点を求めればよい。その点を C とおく。

すると，右の図のように，線分 XY の垂直二等分線が直線 AB となるような，点 X，Y を作図し，2 点 X，Y から等距離にある点 C を作図し，半直線 BC をかけばよい。

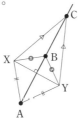

線分 XY を作図するために，点 B を中心とする円弧，点 A を中心とする円弧を，異なる 2 点で交わるような半径をとってかき，その交わる 2 点を X，Y とすればよい。

点 C を作図するためには，点 X，Y を中心とし，XB（＝YB）より大きい半径で円弧をそれぞれかいて，その交点を C とすればよい。

142

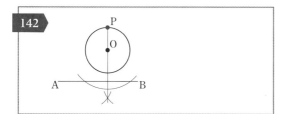

解説 底辺が AB なので，△ABP の面積が最大になるとき，その高さも最大となる。点 P は，点 O を通り，底辺 AB に垂直な直線と円 O との交点のうち，底辺 AB から離れている方の点である。

143

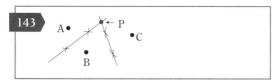

解説 3 点 A，B，C から等しい距離にある。

→ 線分 AB，BC，CA の垂直二等分線上にある。したがって，線分 AB と BC（もしくは，AB と CA，もしくは，BC と CA）の垂直二等分線の交点を P とすればよい。

144 (1) 3π **cm**　　(2) $x=54$

解説 (1)　$2\pi \times 5 \times \dfrac{108°}{360°} = \dfrac{108}{36}\pi = 3\pi$ (cm)

(2)

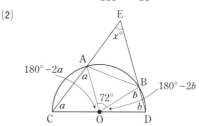

$\overset{\frown}{AB}$ の長さが 2π cm より，

$$2\pi \times 5 \times \frac{\angle AOB}{360°} = 2\pi$$

両辺を 2π（≠0）でわって，

$$5 \times \frac{\angle AOB}{360°} - 1$$

$$\angle AOB = \frac{360°}{5} = 72°$$

△CDE において，内角の和は 180° であるから，

$$(a+b) + x° = 180° \cdots ①$$

また，△OAC，△OBD は二等辺三角形であるから，

$$\angle AOC = 180° - 2a,　\angle BOD = 180° - 2b$$

したがって，

$$\angle AOC + \angle AOB + \angle BOD = 180° より，$$

$$180° - 2a + 72° + 180° - 2b = 180°$$

$$252° - 2(a+b) = 0$$

$$a+b = 126° \cdots ②$$

②を①に代入して，

$$126° + x° = 180°$$

$$x = 54$$

145

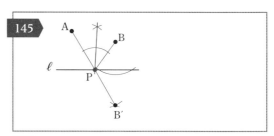

解説 直線 ℓ に対して，点 B と対称な点 B′ を作図し，点 A と点 B′ を直線で結ぶ。その線分と直線 ℓ

との交点がPであるから，点AとP，BとPをそれぞれ直線で結び，∠APBの二等分線をかけばよい。

---

146 $\ell = \dfrac{10}{3}\pi$

解説 △AOC は二等辺三角形より，

∠OCA = 15°

よって，

∠AOC = 180° − 15° × 2 = 150°

したがって，

$\ell = 2\pi \times 4 \times \dfrac{150°}{360°}$

$= \dfrac{10}{3}\pi$

---

147 **4 周**

解説 小円が1周すると，点Bは8π動く。大円の1周は10πであるから，点Bが点Aの位置にくるのは，点Bが10πの整数倍動かねばならない。

$8\pi \times 5 = 40\pi\ (= 10\pi \times 4)$

であるから，小円が5回転する間に大円の周りを4周する。

148

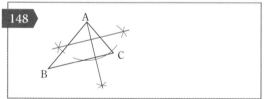

解説

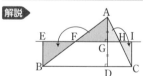

上の図のように，点Aを通り辺BCに垂直な直線ADと，線分ADの垂直二等分線EIをひけば，

△AFG ≡ △BFE

△AGH ≡ △CIH

である。

長方形 EBCI は，題意を満たす。

---

149 (1)　　　　　(2)

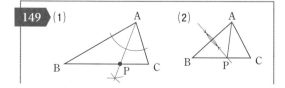

---

(3)

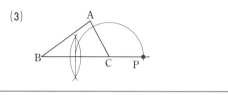

解説 (1)　条件により

∠BAP = 180° − (111° + 30°) = 39°

∠PAC = 78° − ∠BAP = 78° − 39° = 39°

よって，∠A の二等分線と辺 BC との交点が点 P であることがわかる。

(2)　∠APB = 180° − ∠APC

$= 180° − 2\angle ABP$

よって，

∠BAP = 180° − (∠ABP + ∠APB)

$= 180° − (\angle ABP + 180° − 2\angle ABP)$

$= \angle ABP$

したがって，△ABP は，PA = PB の二等辺三角形であることがわかるから，線分 AB の垂直二等分線と辺 BC との交点が点 P である。

(3)　$CP = \dfrac{1}{2}BC$ となるような点 P をとるために，線分 BC の垂直二等分線をかく。辺 BC との交点と点 C との距離を半径にとって，点 C を中心として円弧をかき，BC の延長との交点を P とすればよい。

150

解説 正五角形は線対称な図形であるから，点 D は，線分 AB の垂直二等分線上にある。また，CB = CD であるから，点 C を中心とする半径 CB の円周上にもある点である。したがって，両者の交点の一方が点 D である。

└正五角形はへこみのない図形である

---

151 (1) **$4 - \pi$**　　　(2) **∠$x = 15°$**

　　　　(3) **36π cm^2**

解説 (1)　おうぎ形 ABQ と図形 PQCD の面積が等しいことにより，図形 AQP を共通部分として，△ABP と図形 ACD の面積が等しくなるような線分 AP の長さを求めればよい。

AP = x とおく。

$$\frac{1}{2} \times x \times 2 = 2 \times 2 - \pi \times 2^2 \times \frac{1}{4}$$

$\underbrace{}_{\triangle ABP}$　$\underbrace{}_{正方形\,ABCD}$　$\underbrace{}_{おうぎ形\,ABC}$

$$x = 4 - \pi$$

(2)

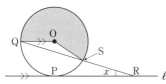

かげの部分のおうぎ形の面積が $\frac{7}{12}\pi$ であること

から，かげの部分のおうぎ形の中心角を y° とお

くと，

$$\pi \times 1^2 \times \frac{y^\circ}{360^\circ} = \frac{7}{12}\pi$$
$$y^\circ = 210^\circ$$

よって，

$$\angle QOS = 360^\circ - 210^\circ = 150^\circ$$
$$\angle OQS = (180^\circ - 150^\circ) \times \frac{1}{2} = 15^\circ$$

ここで，$OQ /\!/ \ell$ であるから，

$$\angle x = \angle OQS = 15^\circ \,(錯角は等しい)$$

(3) 右上の図のかげの部分の面積を
　　求めるのだが，右下の図の色の部
　　分は面積が等しいので，結局，薄
　　いかげの部分を加えた4分の1の
　　円の4つ分の面積に等しい。
　　よって，

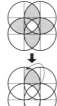

$$\pi \times 6^2 \times \frac{1}{4} \times 4 = 36\pi \,(\text{cm}^2)$$

---

152 (1) $\dfrac{11}{2}$　　(2) $\dfrac{17}{3}$

　　　 (3) $\dfrac{7}{2}$　　(4) $\dfrac{7}{2}$

---

 (1) （図形AXYCBの面積)

= （台形ABPX) + （台形XPQY) + △YQC

であるから，

$$23 = \frac{1}{2} \times (6+3) \times 2 + \frac{1}{2} \times (3+QY) \times 2$$
$$+ \frac{1}{2} \times 2 \times QY$$
$$23 = 9 + 3 + QY + QY$$

よって，

$$2QY = 11$$
$$QY = \frac{11}{2}$$

(2) （図形 AXYCB の面積)

= （台形 ABPX) + △XPC

であるから，

$$23 = \frac{1}{2} \times (6+PX) \times 2 + \frac{1}{2} \times 4 \times PX$$
$$23 = 6 + PX + 2PX$$
$$3PX = 17$$
$$PX = \frac{17}{3}$$

(3) 点 X が点 R の位置にあるとき，点 Y の位置は，

（図形AXYCBの面積)

= （長方形ABPR) + （台形RPQY) + △YQC

であるから，

$$23 = 12 + \frac{1}{2} \times (6+QY) \times 2 + \frac{1}{2} \times 2 \times QY$$

より，

$$QY = \frac{5}{2}$$

点 Y が点 S の位置にあるとき，点 X の位置は，

（図形AXYCBの面積)

= （台形ABPX) × 2 + △SQC

$\underbrace{}_{(台形\,ABPX)=(台形\,XPQS)}$

であるから，

$$23 = \frac{1}{2} \times (6+PX) \times 2 \times 2 + \frac{1}{2} \times 2 \times 6$$

より，

$$PX = \frac{5}{2}$$

したがって，$6 - \dfrac{5}{2} = \dfrac{7}{2}$

(4)

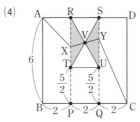

(1)〜(3)の結果から，$PX + QY$ の値は常に一定値

$\left(= \dfrac{17}{2}\right)$ であり，線分 XY の中点は常に長方形

RTUS の対角線の交点 V と一致する。

したがって，線分 XY の動きうる範囲は，上の
図のかげの部分である。

$$\frac{1}{2} \times \frac{7}{2} \times 1 \times 2 = \frac{7}{2}$$

$\underbrace{}_{\triangle RTV(=\triangle SUV)}$

153 (1) ∠AOB＝90°，　AB＝5

(2)

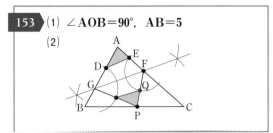

解説 (1) ∠AOB＝180°－(∠OAB＋∠OBA)

$$=180°-\frac{1}{2}(\angle DAB+\angle CBA)$$

$$=180°-\frac{1}{2}\times180°=90°$$

円 O と辺 AB の接点を E とすると，

AB＝AE＋BE

$$=\frac{1}{2}AD+\frac{1}{2}BC$$

$$=5$$

(2) 線分 AP の垂直二等分線と辺 AC の交点 F を中心とし，点 E を通る円弧をかく。その円と線分 PF の交点が点 Q である。

線分 AP の垂直二等分線と辺 AB の交点 G を中心とし，点 D を通る円弧をかく。その円と線分 PG の交点が点 D が移る点である。

154 (1) (2)

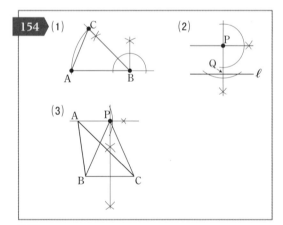

(3)

解説 (1) 点 B を通り，直線 AB に垂直な直線をひく。この直線と直線 AB とでつくられる角の二等分線をかく。この直線と点 B を中心とした半径 AB の円弧との交点が点 C である。

(2) 点 P を通り，直線 ℓ と垂直な直線をかき，点 P を通り，この直線に垂直な直線をかく。

(3) 点 A を通り辺 BC に平行な直線と線分 BC の垂直二等分線との交点が P であるから，2 点 P と B，P と C をそれぞれ直線で結べばよい。

155 (1) **64：21**　　(2) **20 倍**

解説 (1) △EFC

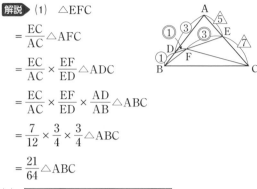

$$=\frac{EC}{AC}\triangle AFC$$

$$=\frac{EC}{AC}\times\frac{EF}{ED}\triangle ADC$$

$$=\frac{EC}{AC}\times\frac{EF}{ED}\times\frac{AD}{AB}\triangle ABC$$

$$=\frac{7}{12}\times\frac{3}{4}\times\frac{3}{4}\triangle ABC$$

$$=\frac{21}{64}\triangle ABC$$

(2)

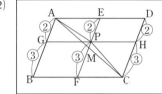

対角線 AC と，線分 EF との交点を M とおくと，点 M は線分 EF の中点である。

$$PM:EF=\left(\frac{5}{2}-2\right):5$$

$$=\frac{1}{2}:5$$

よって，

$$PM=\frac{1}{10}EF$$

したがって，

$$\triangle ACP=2\triangle AMP$$

$$=2\times\frac{1}{10}\times\frac{1}{2}\square ABFE$$

└─ △AMP は，$\frac{1}{10}\triangle AFE=\frac{1}{10}\times\frac{1}{2}\square ABFE$

$$=2\times\frac{1}{10}\times\frac{1}{2}\times\frac{1}{2}\square ABCD$$

└─ □ABFE は □ABCD の $\frac{1}{2}$ 倍

$$=\frac{1}{20}\square ABCD$$

156

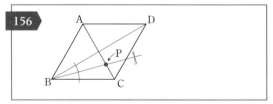

解説 ひし形の性質を利用する。

∠ABD＝∠DBC＝30°であるから，

∠DBC の二等分線と対角線 AC との交点を P とすればよい。

157

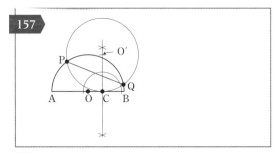

て，直線 O'B 上の点 P が求める点となるわけ
である。

解説 ① 点 C を通り，線分 AB に垂直な直線を
かく。

② ①の直線上に，点 C から半径 OA の長さを，
半円 OAB の側にとり，O' とおく。この O' が折
り返してできる弧の中心である。

③ 点 O' を中心とし半径 OA の円をかき，弧 AB
との交点を P，Q として，2 点 P，Q を直線で結
ぶ。

158

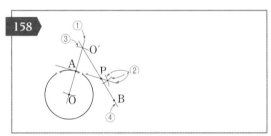

解説 以下の手順で作図をする。

① 定規で直線 OA をひく。

② 点 A を通る直線 OA に垂直な直線を作図する。

③ 直線②に関して点 O と対称な点 O' をコンパス
で写しとる。

④ 点 O' と点 B を通る直線をひく。

⑤ 直線②と④の交点が求める点 P である。

㋑ 得点アップ

入試問題では定番
の折れ線の最短距離
の問題である。理由
を説明しよう。

右の図のように，
直線 ℓ を対称の軸と
して，点 O と対称
な点 O' をとれば，

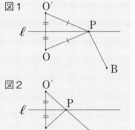

OP＋PB＝O'P＋PB

が成り立つ。点 P は直線 ℓ 上でどのようにも
とることができるが，図1のような「折れ線」
よりも図2のような「一直線」の方が
O'P＋PB が短く，かつ最短である。したがっ

159 (ウ)

解説 円の中心を点 O とす
ると，4 点 A，B，C，D から
の距離が等しく，

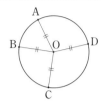

OA＝OB＝OC＝OD となる。

(ア) 弦 AC が直径であるとは
限らないので，弦 AC の中
点は円の中心とはいえない。

(イ) 弦 AC と弦 BD が直径であるとは限らないので，
弦 AC と弦 BD の交点は円の中心とはいえない。

(ウ) 弦 BC の垂直二等分線上の点を P とすると，
PB＝PC となる。また，弦 CD の垂直二等分線上
の点を Q とすると，QC＝QD となる。したがっ
て，これらの交点 O は OB＝OC＝OD を満たす
ので，円の中心となる。

(エ) ∠ABC の二等分線は円の中心を通るとは限ら
ないので，∠ABC の二等分線と∠BCD の二等
分線の交点は円の中心とはいえない。

160

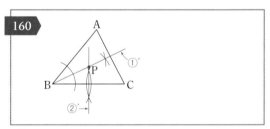

解説 条件①より，2 辺 BA，BC から等しい距離
にあるので，∠B の二等分線を作図する(①')。

次に，条件②より，∠CBP＝∠BCP であるので，
△PBC が PB＝PC の二等辺三角形になればよいの
で，辺 BC の垂直二等分線を作図する(②')。

これらより，①'，②'の交点が求める点 P である。

161

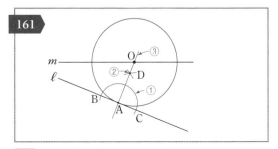

解説 以下の手順で作図をする。

① 点 A を中心とし，直線 ℓ と 2 点で交わるような円弧をかく。

② ①の円と直線 ℓ との交点をそれぞれ B，C とおき，点 B，C を中心として同じ半径の円弧をかく。

③ ②の円弧の交点 D と点 A を直線で結ぶ。
└─ 点 A を通り，直線 ℓ に垂直な直線を作図した

④ ③と直線 m との交点を O とおく。

⑤ 点 O を中心とし，半径 OA の円をかけばよい。
点 A を通り，直線 ℓ に垂直な直線をかくと，それと直線 m との交点が，求める円の中心である

---

162 $\dfrac{25}{\pi}$ cm²

解説 半径を r cm とすると，
$2\pi r = 10$
$r = \dfrac{5}{\pi}$

よって，面積は，$\pi \times \left(\dfrac{5}{\pi}\right)^2 = \dfrac{25}{\pi}$ (cm²)

163

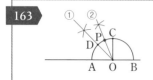

解説 点 P における円 O の接線は半径 OP と垂直であるから，∠OPQ = 90° である。

また，∠PQO + ∠POQ = 90°　…①
　　　　∠COP + ∠POQ = 90°　…②

①，②より，
　　　∠PQO = ∠COP

よって，∠COP = 22.5° となるように点 P をとればよい。

また，45° ÷ 2 = 22.5° より，

∠COA を 4 等分すればよい。

以下の手順で作図をする。

① ∠COA の二等分線をかき，その直線と $\overparen{AB}$ との交点を点 D とする。

② ∠COD の二等分線をかき，その直線と $\overparen{CD}$ との交点が求める点 P となる。

---

6 空間図形

164 正多面体の定義「すべての面が合同な正多角形であり，どの頂点にも同じ数の面が集まるへこみのない多面体を正多面体という。」のうち，「どの頂点にも同じ数の面が集まる」を満たしていないため，正多面体とはならない。

---

165 (1) **1**　(2) **1**　(3) **1**　(4) **1**
　　　(5) **0**　(6) **無数**　(7) **0**　(8) **0**

---

166 ㋐

解説 ㋑ 右の図で，ℓ と n はねじれの位置にある。

㋒ 右の図で，ℓ⊥m，$m⊥n$ であるが，ℓ∥n である。

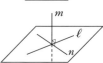

---

167 (1) ①…垂直　②…⊥　③…垂線
　　　(2) ④…**2**　⑤…直線 ℓ　⑥…⊥

---

168 (1) ①…直線　②…ふくむ
　　　　　③…垂直　④…⊥　⑤…⊥
　　　(2) ⑥…平行　⑦…∥

---

169 ㋒，㋓，㋕

解説 正しくない場合，正しくない例(反例という)を表す見取図をかいてみる。

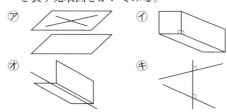

㋒

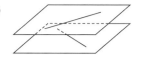

最も長いものは，立方体の対角線である線分 BP
で，②

〔170〕(1) 短い　　(2) 頂点　　(3) 底面
　　　　(4) 一定(同じ)　　(5) 底面
　　　　(※(2)と(3)は順不同)

(2) 見取図に示すと右の
図のようになる。
よって，面㋑と平行な
面は，㋕

(3) (2)の図により，辺 AQ に平行な面は，㋑，㋔

㋐**得点アップ**

〔166〕～〔170〕の空間に関する基本性質
は，空間図形の入試問題を解く上で礎となるも
のである。

入試問題では，3 年生で習う三平方の定理
（ピタゴラスの定理）を用いる問題がどの学校
でも出題される。

また，**188** や **195** などで立体図形を
平面で切ったときの切り口に関する問題もきち
んと押さえておこう。

〔174〕(1) ① 辺 DC，HG，EF
　　　　　② 辺 AE，BF
　　　　　③ 辺 CG，DH，EH，FG
　　　　(2) ① 辺 BD
　　　　　② 36 cm³

解説 (2) ②
（四角錐 BCDNM）
$= \dfrac{1}{3} \times$ （台形 MCDN）$\times$ BC
$= \dfrac{1}{3} \times \dfrac{1}{2} \times (3+6) \times 4 \times 6$
$= 36$ (cm³)

〔171〕(1) 円柱　　(2) 球　　(3) 円錐

〔172〕(1) ①　　　　②

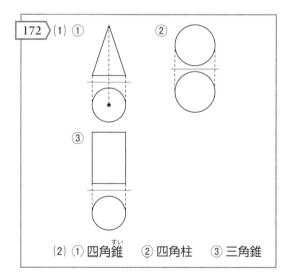

　　　　③

(2) ① 四角錐　② 四角柱　③ 三角錐

〔175〕(1) 6 cm　　(2) $y = \dfrac{720}{x}$

解説 (1) 円 O の半径を r cm とする。
展開図のおうぎ形の弧の長さと円 O の円周の長
さは等しいから，
$$2\pi \times 10 \times \dfrac{216}{360} = 2\pi r$$
これを解くと，
$$r = 6 \text{ (cm)}$$

(2) 底面が半径 2 cm の円であるから，その円周の
長さと側面のおうぎ形の弧の長さは等しいから，
その中心角は，
$$y = 360 \times \dfrac{2\pi \times 2}{2\pi x}$$
$$= \dfrac{720}{x}$$

【参考】
（おうぎ形の弧の長さ）$= 2\pi \times x \times \dfrac{y}{360}$
である。これが底面の円周の長さと等しいからと
して，
$$2\pi \times x \times \dfrac{y}{360} = 2\pi \times 2$$
ここから，y について解いてもよい。

〔173〕(1) ②　　　(2) ㋕　　(3) ㋑，㋔

解説 (1)

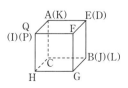

176 (1) $\dfrac{20}{3}\pi$ cm^3　　(2) 45π cm^3

　　　(3) 42π cm^3

解説 ○○錐→$\dfrac{1}{3}$×(底面積)×(高さ),

○○柱→(底面積)×(高さ)　で体積を求める。

(1) $\dfrac{1}{3}\times\pi\times2^2\times5=\dfrac{20}{3}\pi$(cm^3)

(2) $\pi\times3^2\times5=45\pi$(cm^3)

(3) 右の図のように, 点 B から辺
　 AD にひいた垂線の足を H とす
　 ると, 求める体積は,

$\dfrac{1}{3}\times\pi\times3^2\times\underset{\text{AH}}{\underline{(6-2)}}+\pi\times3^2\times4$

$=6\pi+36\pi=42\pi$(cm^3)

177 (1) ⑦　　(2) 正八面体　　(3) $\dfrac{32}{3}$ cm^3

　　　(4) C, F, H　（順不同）

解説 (3) 立体 K は, 底面積が立方体の底面積の
半分, 高さが立方体の高さの半分である正四角錐
を上下 2 つ合わせたものであるから,
求める体積は,

$\left\{\dfrac{1}{3}\times\underset{\text{底面積}}{\underline{\left(4^2\times\dfrac{1}{2}\right)}}\times\underset{\text{高さ}}{\underline{\left(4\times\dfrac{1}{2}\right)}}\right\}\times\underset{\text{上・下 2 つ}}{\underline{2}}=\dfrac{32}{3}$(cm^3)

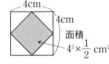
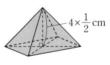

178 (1) 39π cm^2　　(2) 6 cm

解説 (1) $\underset{\text{底面積}}{\underline{\pi\times3^2}}+\underset{\text{側面積}}{\underline{\pi\times10^2\times\dfrac{6\pi}{20\pi}}}$
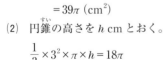

　　　　$=9\pi+30\pi$

　　　　$=39\pi$(cm^2)

(2) 円錐の高さを h cm とおく。

$\dfrac{1}{3}\times3^2\times\pi\times h=18\pi$

より, $h=6$(cm)

179 (1) 24π cm　　(2) 12 cm

　　　(3) 48π cm^2

解説 (1) 円 O の円周の長さは,

$2\pi\times4\cdots$①

3 回転して点 A がはじめて元の位置に戻ったの
だから, 求める円の周の長さは①の 3 倍である。

$(2\pi\times4)\times3=24\pi$(cm)

(2) 直円錐の母線の長さは PA であり, これを r
cm とおくと, (1)より,

$2\pi r=24\pi$

$r=12$(cm)

(3) (2)より, 直円錐の側面積は, 半径 12 cm の円

の面積の $\left(\dfrac{4}{12}=\right)\dfrac{1}{3}$ に等しいから,

$\pi\times12^2\times\dfrac{1}{3}=48\pi$(cm^2)

180 (1) 12 倍　　(2) 24 倍

解説 (1) 高さを h, 円錐 B の底面の半径を r とお
く と,

$\dfrac{\pi\times(2r)^2\times h}{\dfrac{1}{3}\times\pi r^2\times h}=4\times3=12$(倍)

(2) 図 1 の底面の 1 辺の長さを a とすると,

$\dfrac{(2a)^3}{\dfrac{1}{3}a^3}=\dfrac{8a^3}{\dfrac{1}{3}a^3}=24$(倍)

181 (1) $\dfrac{a^3}{6}$ cm^3　　(2) 147 cm^3

　　　(3) ① 6 倍　　② 72 cm^3　　(4) 36 cm^3

解説 (1) 求める体積は,

$\dfrac{1}{3}\times\left(\dfrac{1}{2}\times a\times a\right)\times a=\dfrac{a^3}{6}$(cm^3)

(2) 水の体積は,

$\dfrac{1}{3}\times\left(\dfrac{1}{2}\times7\times7\right)\times18=7^2\times3=147$(cm^3)

(3) ①　$\dfrac{6^3}{\dfrac{1}{3}\times\left(\dfrac{1}{2}\times6^2\right)\times6}=\dfrac{6^3}{6^2}=6$(倍)

　　② （四面体 ACFH）

　　　 ＝（立方体 ABCD－EFGH）

　　　　 －4×（四面体 CFGH）

　　　 $=6^3-4\times6^2=6^2(6-4)=36\times2$

　　　 $=72$(cm^3)

(4) 底面積は，立方体の底面積の $\dfrac{1}{2}$，高さは立方体

の高さに等しいから，

$$\dfrac{1}{3} \times \left(\dfrac{1}{2} \times 6 \times 6\right) \times 6 = 36 \ (\text{cm}^3)$$

 182 (1) **27π cm^2**　　(2) $\dfrac{5}{2}\pi$ **cm**

解説 (1)　$\pi \times 6^2 - \pi \times 3^2 = 27\pi \ (\text{cm}^2)$

(2)　水の体積は，

$$\pi \times 6^2 \times 15 - \dfrac{1}{3} \times \pi \times 6^2 \times 15$$

$$= \left(1 - \dfrac{1}{3}\right) \times \pi \times 6^2 \times 15$$

$$= \dfrac{2}{3} \times \pi \times 6^2 \times 15$$

$$= 2 \times \pi \times 6^2 \times 5$$

$$= 360\pi \ (\text{cm}^3)$$

容器 C に入れたときの高さを h (cm)とおくと，

$$12 \times 12 \times h = 360\pi$$

$$h = \dfrac{5}{2}\pi \ (\text{cm})$$

 183 表面積…**60π cm^2**　　体積…**48π cm^3**

解説 球の $\dfrac{1}{6}$ であるから，表面積は，

$$\pi \times 6^2 + \dfrac{1}{6} \times 4\pi \times 6^2 = 36\pi + 24\pi$$

$$= 60\pi \ (\text{cm}^2)$$

体積は，

$$\dfrac{1}{6} \times \dfrac{4}{3}\pi \times 6^3 = 4\pi \times 2 \times 6 = 48\pi \ (\text{cm}^3)$$

184

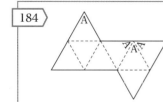

185 正四面体…**2**　　正六面体…**2**

解説 正四面体について，

$$f - e + v = 4 - 6 + 4 = 2$$

正六面体について，

$$f - e + v = 6 - 12 + 8 = 2$$

186 (1) **6**　　(2) **4 cm**　　(3) **$3\pi x$ cm^2**

　　(4) **14π cm^2**　　　　(5) **7 cm**

解説 (1)　求める半径を r とおくと，

$$2\pi \times 16 \times \dfrac{135}{360} = 2\pi \times r$$

$$r = 16 \times \dfrac{135}{360} = 6$$

(2)　底面の円の半径を r cm とおくと，

$$\dfrac{1}{3} \times \pi r^2 \times 6 = 32\pi$$

$$r^2 = 16$$

r は 2 回かけると 16 になる正の数であるので，

$$r = 4 \ (\text{cm})$$

(3)　底面の円周の長さは，$2\pi \times 3 = 6\pi \ (\text{cm})$

よって，求める円錐の側面積は，

$$\pi \times x^2 \times \dfrac{6\pi}{2\pi x} = 3\pi x \ (\text{cm}^2)$$

(4)　底面の円周の長さは，$2\pi \times 2 = 4\pi \ (\text{cm})$

よって，求める表面積は，

$$\underbrace{\pi \times 5^2 \times \dfrac{4\pi}{10\pi}}_{側面積} + \underbrace{\pi \times 2^2}_{底面積} = 10\pi + 4\pi$$

$$= 14\pi \ (\text{cm}^2)$$

(5)　円柱の高さを h cm とおくと，

$$\pi \times 3^2 \times h = 63\pi$$

$$h = 7 \ (\text{cm})$$

187 $\dfrac{15}{2}$倍

解説 $\dfrac{三角錐 \ A - PQR}{三角錐 \ A - BCD}$

$$= \dfrac{AP}{AB} \times \dfrac{AQ}{AC} \times \dfrac{AR}{AD}$$

$$= \dfrac{1}{3} \times \dfrac{2}{5} \times \dfrac{1}{2} = \dfrac{1}{15}$$

$$\dfrac{三角錐 \ R - BCD}{三角錐 \ A - BCD} = \dfrac{RD}{AD} = \dfrac{1}{2}$$

したがって，

（三角錐 R − BCD）：（三角錐 A − PQR）

$$= \dfrac{1}{2} : \dfrac{1}{15}$$

$$= \dfrac{15}{2} : 1$$

188 ④

解説 立方体の切り口には次のようなものがある。

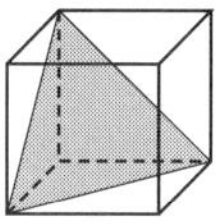

　正三角形 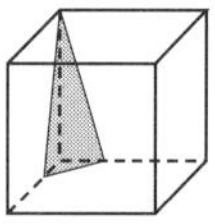　　二等辺三角形 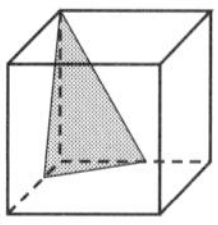　　三角形

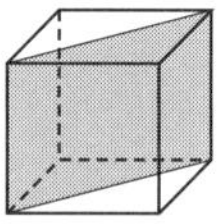

　長方形 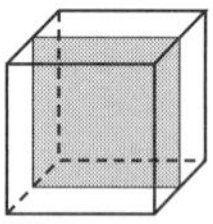　　　正方形 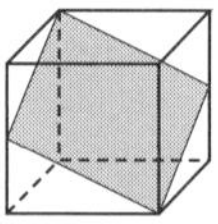　　　平行四辺形

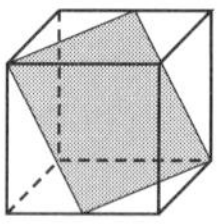

　ひし形 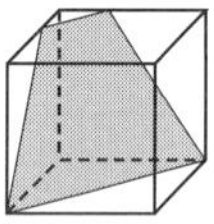　　（等脚）台形 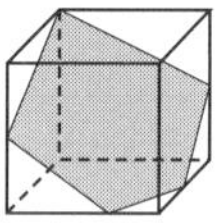　　五角形

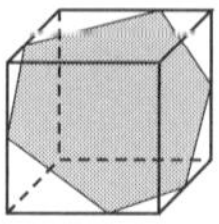

　六角形 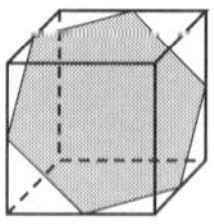　　　正六角形

189 (1) $\dfrac{25}{2}$　(2) $\dfrac{125}{3}$　(3) $\dfrac{10}{3}$　(4) $\dfrac{5}{4}$

解説 (1)　$\triangle ECF = \dfrac{1}{2} \times 5 \times 5 = \dfrac{25}{2}$

(2)　三角錐の体積は，

$\dfrac{1}{3} \times \dfrac{25}{2} \times 10 = \dfrac{125}{3}$
　　└△ECF を底面としたときの高さは 10

(3)　求める高さを h とすると，$\triangle AEF$ の面積は，

$\triangle AEF$

$= (正方形ABCD) - (2\triangle ABE + \triangle ECF)$
　　　　　　　└△ABE＝△ADF

$= 10 \times 10 - \left(2 \times \dfrac{1}{2} \times 5 \times 10 + \dfrac{25}{2}\right)$
　　　　　　　　　　　　　　└(1)より

$= \dfrac{75}{2}$

よって，(2)より，$\dfrac{1}{3} \times \dfrac{75}{2} \times h = \dfrac{125}{3}$

$h = \dfrac{10}{3}$

(4)　球の中心を I，半径を r とおく。

三角錐は，

三角錐 I－ABE，

三角錐 I－ADF，

三角錐 I－CEF，

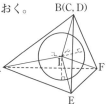

三角錐 I－AEF

の 4 つの三角錐に分けられる。

よって，

$\dfrac{1}{3}(\triangle ABE + \triangle ADF + \triangle CEF + \triangle AEF)$
　　　　　└正方形 ABCD の面積に等しい

$\times r = \dfrac{125}{3}$

$\dfrac{1}{3} \times 10 \times 10 \times r = \dfrac{125}{3}$

$r = \dfrac{5}{4}$

190 (1) **6k**　(2) **立方体**

(3) **8k³**　(4) $\dfrac{\mathbf{20}}{\mathbf{3}} \mathbf{k^3}$

解説 (1)　右の図のように，与えられた立面図と平面図を利用すると，条件を満たす切り口の図形は，

六角形 AF'E'DC'B'
└この六角形は，立面図でいう六角形 AFEDCB に等しい

である。

右の断面図より，

四角形 B'F'E'C' の面積は，

$2 \times 2k = 4k$

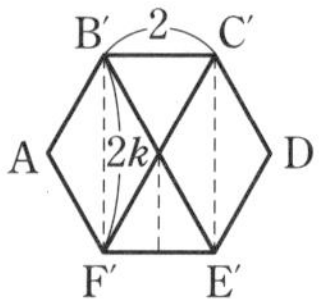

三角形 AF'B' と三角形 DC'E' の面積は等しく，それぞれ，

$\dfrac{1}{2} \times 2k \times 1 = k$ ←これが 2 つある

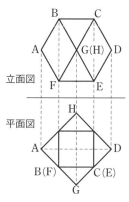

よって，求める面積は，

$4k + k + k = 6k$

(2)　問題の図 1 と図 2 から，与えられた多面体は，立方体の中にすっぽりとおさまった形となっている。正確には，その立方体の各頂点から，各辺の中点までの三角錐を切り落とした立体である。

(3)　(2)の立方体は，1 辺の長さが $2k$ だから，求める体積は，$(2k)^3 = 8k^3$ となる。

(4)　(3)の立方体の各頂点を含む三角錐の体積を求める。三角錐 1 つの体積は，

$\dfrac{1}{3} \times \left(\dfrac{1}{2} \times k \times k\right) \times k = \dfrac{k^3}{6}$

であり，これが 8 個あるのだから，切り落とした立体の体積は全部で，

$$8 \times \frac{k^3}{6} = \frac{4}{3}k^3$$

(2)で求めた立方体の体積からこれをひいて，求める多面体の体積は，

$$8k^3 - \frac{4}{3}k^3 = \frac{20}{3}k^3$$

となる。

⑦ 得点アップ

ここで扱った多面体は，下の**図ア**，**図イ**のような見え方をするものである。解説で記した4点B′，F′，E′，C′も記しておいたので，(1)の六角形もイメージしやすいだろう。

実際に組み立てた結果をイメージする力も大切ではあるが，問題で与えられた「展開図」，「立面図」「平面図」が何を表しているものかをよく理解していれば，これらの情報だけでも解答が可能な問題の好例といえよう。

図ア 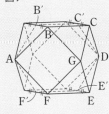　　　図イ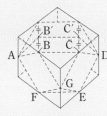

191　**26 cm³**

解説 底面の △ABC に平行で，点 D を通る平面と，辺 EB，FC との交点を，それぞれ点 G，H とする。

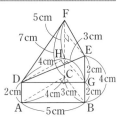

三角柱 ABC－DGH の体積は，

$$\left(\frac{1}{2} \times 3 \times 4\right) \times 2$$
$$= 12 \,(\mathrm{cm}^3)$$

四角錐 D－EFHG は，

$$\frac{1}{3} \times \left\{\frac{1}{2} \times (2+5) \times 3\right\} \times 4$$
$$= 14 \,(\mathrm{cm}^3)$$

四角錐 D－EFHG
の底面は台形

よって，求める体積は，

$$12 + 14 = 26 \,(\mathrm{cm}^3)$$

---

⑦ 得点アップ

図のように，三角柱を1つの平面で切断した立体の3つの高さを，それぞれ a，b，c とするとき，この立体の体積は，

(底面積)×(高さの平均) = (底面積)×$\dfrac{a+b+c}{3}$

で求められる。検算に役立つので知っていれば損はないだろう。

192　(1) $3\pi ar^2$　　(2) $1:1$

解説 (1)　△ABP
$$= \frac{1}{2} \times \mathrm{AB} \times \mathrm{AC}$$
$$= \frac{1}{2} \times a \times \mathrm{AC}$$

だから，

$$\frac{1}{2} \times a \times \mathrm{AC} = \frac{3}{2}ar$$
$$\mathrm{AC} = 3r$$

よって，求める体積 V_1 は，

$$V_1 = \frac{1}{3} \times \pi \times (3r)^2 \times (a+b)$$
$$- \frac{1}{3} \times \pi \times (3r)^2 \times b$$
$$= 3\pi ar^2$$

(2)　$V_2 = \dfrac{1}{3} \times \pi \times (3r)^2 \times a = 3\pi ar^2$ だから，

$$V_1 : V_2 = 3\pi ar^2 : 3\pi ar^2$$
$$= 1 : 1$$

193　$\dfrac{25}{3}\pi$ **cm³**

解説 DB $= a$ (cm) とおくと，求める体積は，

$$\frac{1}{3} \times \pi \times 5^2 \times (a+1) - \frac{1}{3} \times \pi \times 5^2 \times a$$
$$= \frac{1}{3}\pi \times 5^2 \times (a+1-a) = \frac{1}{3}\pi \times 5^2$$
$$= \frac{25}{3}\pi \,(\mathrm{cm}^3)$$

194　$\dfrac{130}{3}$ **cm³**

解説▶ 平面 DEF に平行で，点 B，C を通る平面と直線 AD との交点を G とおくと，求める体積は，

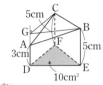

(三角柱 DEF－GBC)－(三角錐 A－GBC)

$$= 10 \times 5 - \frac{1}{3} \times 10 \times (5-3) = \frac{130}{3} \ (\text{cm}^3)$$

---

195 (1) (等脚)台形　(2) **63**

解説▶ (1) 直線 PF と辺 AB との交点を M，直線 PH と辺 AD との交点を N とおくと，3 点 P，F，H を通る平面は，点 M，N と直線 FH をふくむ平面であるから，切り口は，(等脚)台形である。

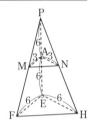

(2) 求める体積は，

(三角錐 P－EFH)－(三角錐 P－AMN)

$$= \frac{1}{3} \times \left(\frac{1}{2} \times 6 \times 6 \right) \times 12 - \frac{1}{3} \times \left(\frac{1}{2} \times 3 \times 3 \right) \times 6 = 63$$

---

196 (1) 表面積…**16π cm²**

　　　　体積…$\dfrac{32}{3}$**π cm³**

　　(2) 表面積…**27π cm²**

　　　　体積…**18π cm³**

　　(3) 表面積…**32π cm²**

　　　　体積…$\dfrac{64}{3}$**π cm³**

解説▶ 球の表面積の公式：$4\pi r^2$，

　　　　球の体積の公式：$\dfrac{4}{3}\pi r^3$

(1) 表面積は，$4\pi \times 2^2 = 16\pi \ (\text{cm}^2)$

　　体積は，$\dfrac{4}{3}\pi \times 2^3 = \dfrac{32}{3}\pi \ (\text{cm}^3)$

(2)

表面積は，$4\pi \times 3^2 \times \dfrac{1}{2} + \pi \times 3^2$
　　　　　　　　　└半球　　└上の図の底面積

　　　　$= 18\pi + 9\pi$

　　　　$= 27\pi \ (\text{cm}^2)$

体積は，$\dfrac{4}{3}\pi \times 3^3 \times \dfrac{1}{2} = 18\pi \ (\text{cm}^3)$
　　　　　　　　└半球

---

(3)

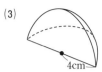

表面積は，$4\pi \times 4^2 \times \dfrac{1}{4} + \pi \times 4^2$
　　　　　　　└$\dfrac{1}{4}$球　　└半径 4 cm の半円が 2 つ分

　　　　$= 16\pi + 16\pi$

　　　　$= 32\pi \ (\text{cm}^2)$

体積は，$\dfrac{4}{3}\pi \times 4^3 \times \dfrac{1}{4} = \dfrac{64}{3}\pi \ (\text{cm}^3)$
　　　　　　　　└$\dfrac{1}{4}$球

---

197 (1) 　　　　　　　(2) **96 cm³**

(3) **18 個**

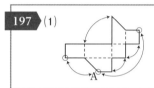

解説▶ (1) 展開図を組み立てると，右の図のようになる。頂点 A と重なり合う 2 面の頂点に○をつける。

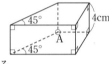

(2) 底面が台形の四角柱であると考えると，求める体積は，

$$\frac{1}{2} \times (4+8) \times 4 \times 4$$

$$= 96 \ (\text{cm}^3)$$

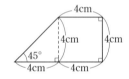

(3) 2 つを組み合わせると，右の図のように，縦 4 cm，横 12 cm，高さ 4 cm の直方体ができるので，1 辺の長さが 12 cm の立方体にするには，上と，縦にそれぞれ 3 個ずつ積み重ねればよいから，

$$2 \times 3 \times 3 = 18 (\text{個})$$

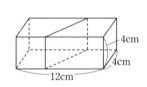

---

198 (1) $\dfrac{5}{9}\pi$ **cm**　(2) **36 秒後**

(3) **18 秒後**

解説▶ (1) 1 周の長さは，20π cm だから，

$$\frac{20\pi}{48} + \frac{20\pi}{144} = \frac{5}{12}\pi + \frac{5}{36}\pi$$

$$= 5\pi \left(\frac{3}{36} + \frac{1}{36} \right) = 5\pi \times \frac{1}{9}$$

$$= \frac{5}{9}\pi \ (\text{cm})$$

(2) 点Pを通り，底面に垂直な
直線と底面との交点をHとお
くと，△PQH において，PH
の長さは一定（円柱の高さ）であ
るから，線分 PQ の長さが最小
になるのは，線分 QH の長さ
が最小のときである。

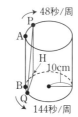

48秒/周

10cm

144秒/周

よって，点Qと点Hが一致す
るとき（QH＝0 のとき）である
から，求める時間を t 秒後とす
ると，(1)の結果より，

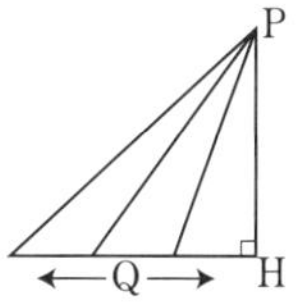

$$\frac{5}{9}\pi t = 20\pi$$
└ 点PとQの動いた距離の和がちょうど1周分
　であるとき，点QとHが一致する

$t = 36$（秒後）

(3) QH＝20 のとき，線分 PQ の長さは最大となる。
└ 線分 QH が底面の円の直径となっているとき，
　線分 PQ の長さは最大になる

求める時間を t 秒後とすると，(1)の結果より，

$$\frac{5}{9}\pi t = 10\pi$$
└ 点PとQの動いた距離の和が半周分

$t = 18$（秒後）

---

199 Q が 36π cm² 大きい

解説 Pの表面積は，

$$\underbrace{\pi \times 3^2}_{①上面} + \underbrace{(6^2 - 3^2) \times \pi}_{②中間の面} + \underbrace{\pi \times 6^2}_{③底面}$$

$$+ \underbrace{6\pi \times 3}_{④側面（上）} + \underbrace{12\pi \times 3}_{⑤側面（下）}$$

$= 126\pi$（cm²）

Qの表面積は，

$$\underbrace{\pi \times 3^2}_{⑥内側の底面} + \underbrace{(6^2 - 3^2) \times \pi}_{⑦上面} + \underbrace{\pi \times 6^2}_{⑧底面}$$

$$+ \underbrace{6\pi \times 3}_{⑨内側の側面} + \underbrace{12\pi \times 6}_{⑩側面}$$

$= 162\pi$（cm²）

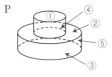

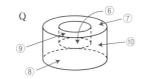

よって，Q の方が $162\pi - 126\pi = 36\pi$（cm²）大きい。

---

200 (1) **180°**

(2) ① **∠AOQ＝180°**

② **$(18\pi - 36)$ cm²**

解説 (1) 側面の展開図のおうぎ形の中心角を $x°$
とおく。

おうぎ形の弧の長さと底面の円周の長さは等しい
から，$2\pi \times 6 \times \dfrac{x}{360} = 2\pi \times 3$

よって，$x = 180°$

(2)

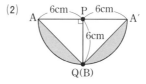

6cm　P　6cm

6cm

Q(B)

① 題意を満たす点Qは，上の図のように，
△AQA′ の面積が最も大きくなるときであ
～～～～～～～～～～～～～～～～～～～～～～～～～
└ 上の図のかげの部分が最小になるのは，△AQA′ が
　最大になるときに等しい

る。△AQA′ の底辺を AA′ としたときに，高さ，
すなわち，点Qと線分 AA′ との距離が最大のと
きだから，このおうぎ形の中心をPとおくと，
∠APQ＝90° のときである。

このとき，右の図のようにな
っているので，

∠AOQ＝180°

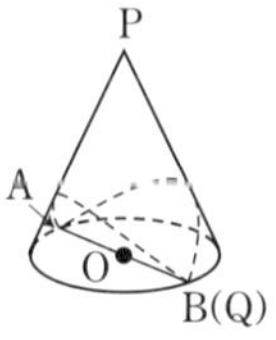

P

A

O

B(Q)

② 求める面積の和は，図のか
げの部分であるから，

$$\underbrace{\pi \times 6^2 \times \frac{180}{360}}_{半円} - \underbrace{\frac{1}{2} \times 12 \times 6}_{△AQA′}$$

$= 18\pi - 36$（cm²）

---

201 (1) **4 : 1**　　(2) **80 cm³**

解説 (1) （こぼす前の水の体積）：（こぼした後，
容器に残っている水の体積）

$$= 1 : \underbrace{\left(\frac{1}{2} \times \frac{1}{2} \times 1 \times 1\right)}_{} = 1 : \frac{1}{4} = 4 : 1$$
└ 高さは，直方体の高さと等しい

└ 底面を △QGC とみたとき，その面積は長方形
　FGCB の面積の何倍かを計算する

(2) 求める体積は，

$$\frac{1}{3} \times △HGC \times FG$$

$$= \frac{1}{3} \times \left(\frac{1}{2} \times 6 \times 8\right) \times 10$$

$= 80$（cm³）

---

202 $\dfrac{7}{2}$

解説▶ 右の図のように，
FI=x とおくと，
HJ=$x-1$ となる。ま
た，辺 CG 上に GL=x
となる点 L をとる。

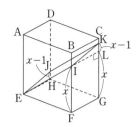

ここで，1つの平面
で切断してできた切り
口の四角形 EIKJ は平行四辺形となり，EI∥JK，
EI∥HL より，JK∥HL である。

つまり，四角形 JHLK は平行四辺形であるから，

KL=HJ=$x-1$
GK=KL+GL
 =$(x-1)+x$
 =$2x-1$

ここで，△KEG で分割すると，(G を含む立体)
は(四角錐 E−IFGK)と(四角錐 E−JHGK)の 2 つ
に分けられる。

台形 IFGK を底面とし辺 EF を高さとする
(四角錐 E−IFGK)の体積は，

$$\frac{1}{3}\times\left\{\frac{1}{2}\times(x+2x-1)\times6\right\}\times6=6(3x-1)$$

台形 JHGK を底面とし辺 EH を高さとする四角
錐 E−JHGK の体積は，

$$\frac{1}{3}\times\left\{\frac{1}{2}\times(x-1+2x-1)\times6\right\}\times6=6(3x-2)$$

これらより，(G を含む立体)の体積は，

$$6(3x-1)+6(3x-2)=18x-6+18x-12$$
$$=36x-18 \quad\cdots①$$

また，(A を含む立体)：(G を含む立体)=5：3
より，(G を含む立体)の体積は，

直方体 ABCD−EFGH の $\dfrac{3}{5+3}$ にあたるので，

$$6\times6\times8\times\frac{3}{5+3}=108 \quad\cdots②$$

①，②より，体積は等しいので，

$$36x-18=108$$
$$36x=126$$
$$x=\frac{7}{2}$$

---

203 (1) $\dfrac{9}{4}$ **cm** (2) 36π **cm²**

解説▶ (1) 回転させると，右
の図のようになり，線分
QR の長さを h cm とする。

また，回転体の上部の円
錐を X，下部の円柱を Y

とする。

円錐 X は，底面の半径 3 cm，高さ $(9-h)$ cm
なので，X の体積は，

$$\frac{1}{3}\times\pi\times3^2\times(9-h)=3\pi(9-h)\ (\text{cm}^3)$$

円柱 Y は，底面の半径 3 cm，高さ h cm なの
で，Y の体積は，

$$\pi\times3^2\times h=9\pi h\ (\text{cm}^3)$$

X と Y を合わせた体積は，

$$3\pi(9-h)+9\pi h=6\pi h+27\pi\ (\text{cm}^3)$$

また，円柱の体積は，

$$\pi\times3^2\times9=81\pi\ (\text{cm}^3)$$

回転体と円柱の体積の比が 1：2 より，

$$\underline{(6\pi h+27\pi):81\pi=1:2}$$
└─ 外側の項の積＝内側の項の積
$$(6\pi h+27\pi)\times2=81\pi\times1$$
$$12\pi h+54\pi=81\pi$$
$$12\pi h=27\pi$$
$$h=\frac{9}{4}\ (\text{cm})$$

(2) 長方形 KLMN は，円柱の側面を 2 回りしてい
るので，側面を 2 つかき，巻きつけた紙である長
方形 KLMN をななめにかいた展開図と，点 A，
B を定めたのが下の図である。

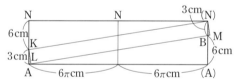

側面 1 個分の横の長さは，底面の円周の長さに
等しいので，

$$\underline{2\times\pi\times3=6\pi\ (\text{cm})}$$
└─ 半径 r とすると，円周の長さは $2\pi r$

側面の縦の長さは円柱の高さに等しく，また点
N，K が円柱の同じ母線上の距離 6 cm の位置に
くるので，

NK=6 (cm)
KA=9−6=3 (cm)

同様に，NB=3 (cm) である。

また，△KAL と △NBM は合同な図形なので，
側面からはみ出た △NBM を △KAL に移動させ
ると，長方形 KLMN の面積は平行四辺形 KABN
の面積と等しくなる。

よって，平行四辺形 KLMN の面積は，

$$\underline{3\times(6\pi\times2)=36\pi\ (\text{cm}^2)}$$
└─ 図より，平行四辺形 KABN において線分 KA を底
辺とすると，底辺の長さ 3 cm，高さ $(6\pi\times2)$ cm

7 資料の散らばりと代表値

204 (1) **33.3 cm**　(2) **7つ**　(3) **5 cm**

(4) 135 cm 以上 140 cm 未満…**137.5 cm**

140 cm 以上 145 cm 未満…**142.5 cm**

145 cm 以上 150 cm 未満…**147.5 cm**

150 cm 以上 155 cm 未満…**152.5 cm**

155 cm 以上 160 cm 未満…**157.5 cm**

160 cm 以上 165 cm 未満…**162.5 cm**

165 cm 以上 170 cm 未満…**167.5 cm**

(5) ①

階級(cm)	度数(人)
以上　未満	
134〜138	1
138〜142	4
142〜146	4
146〜150	13
150〜154	12
154〜158	3
158〜162	4
162〜166	3
166〜170	1
計	45

②

階級(cm)	度数(人)
以上　未満	
136〜140	3
140〜144	5
144〜148	6
148〜152	14
152〜156	8
156〜160	4
160〜164	3
164〜168	1
168〜172	1
計	45

⓪ 得点アップ

　資料から度数分布表やヒストグラムを作成するときは，モレなく重複なく数え上げたい。「正」の字でそれぞれの階級に属する度数を数えるのが一般的である。

　また，この分野から出題された場合，用語の意味を知らないと難しい。しかし，逆に知っていれば，難問を出題しづらい分野なので，得点源となる。

　度数分布表やヒストグラム，折れ線グラフのかき方，相対度数，代表値（平均値，最頻値，中央値）の求め方などをしっかり押さえておこう。

205 (1) **30.3 kg**

(2) 右の表

(3) いちばん多い…

40 kg 以上

45 kg 未満の階級，

いちばん少ない…

30 kg 以上

35 kg 未満の階級

(4) **45 kg 以上**

50 kg 未満の階級

(5) **18人**　(6) 約 **49.3 %**

階級(kg)	度数(人)
以上　未満	
30〜35	2
35〜40	9
40〜45	26
45〜50	20
50〜55	12
55〜60	3
60〜65	3
計	75

解説 (1) 範囲は，$63.1 - 32.8 = 30.3$ (kg)

(5) 50 kg 以上ある人の人数は，

50 kg 以上 55 kg 未満の階級の度数と，55 kg 以上 60 kg 未満の階級の度数と，60 kg 以上 65 kg 未満の階級の度数の総計であるから，

$12 + 3 + 3 = 18$ (人)

(6) 45 kg 未満の人の人数は，

$2 + 9 + 26 = 37$ (人)

したがって，

$$\frac{37}{75} \times 100 = 49.33 \cdots (\%)$$

よって，49.3 %

206

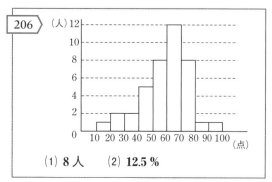

(1) **8人**　(2) **12.5 %**

解説 (2) 40 点未満の生徒の人数は，

$1 + 2 + 2 = 5$ (人)

よって，

$$\frac{5}{40} \times 100 = 12.5 (\%)$$

207 (1), (2) 下の図

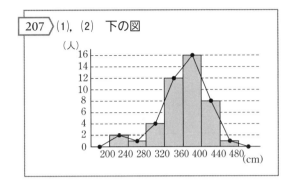

208

階級(cm)	度数(人)	累積度数	相対度数	累積相対度数
以上　　未満				
135〜140	3	3	0.07	0.07
140〜145	5	8	0.11	0.18
145〜150	14	22	0.31	0.49
150〜155	13	35	0.29	0.78
155〜160	5	40	0.11	0.89
160〜165	3	43	0.07	0.96
165〜170	2	45	0.04	1.00
計	45		1.00	

(1) **35 人**　　(2) 約 **7 %**　　(3) 約 **49 %**

解説 (1)　150〜155 の累積度数

(2)　(160〜165 の相対度数)×100 (％)

(3)　(145〜150 の累積相対度数)×100 (％)

209 (1) **2013 年**　　(2) **1.4 ℃**　　(3) **1.6 ℃**

解説 (2)　2012年〜2016年の最高気温の平均は,

$$\frac{4.8+5.8-4.9-4-1.8}{5}=\frac{-0.1}{5}=-0.02$$

2017年〜2021年の最高気温の平均は,

$$\frac{-1.4-1.2+0.5-3.5-1.6}{5}=\frac{-7.2}{5}$$
$$=-1.44$$

よって, $-1.44-(-0.02)=-1.42$

したがって, 1.4 ℃ 低くなった。

(3)　2012年〜2016年の最低気温の平均は,

$$\frac{-4.5-10-8.2-12.7-7.9}{5}=\frac{-43.3}{5}$$
$$=-8.66$$

2017年〜2021年の最低気温の平均は,

$$\frac{-16.9-3.6-9.7-8.2-12.8}{5}=\frac{-51.2}{5}$$
$$=-10.24$$

よって, $-10.24-(-8.66)=-1.58$

したがって, 1.6 ℃ 低くなった。

210 (1) **0.1**　　(2) **69 kg**

解説 (1)　$2÷20=0.1$

(2)　$(50×3+60×5+70×7+80×2$
$\qquad +90×2+100×1)÷20$

$=(150+300+490+160+180+100)÷20$

$=1380÷20=69$ (kg)

211 (1)

階級(kg)	度数(人)
以上　　未満	
30〜35	2
35〜40	6
40〜45	8
45〜50	5
50〜55	12
55〜60	8
60〜65	4
計	45

(2) もとの表から
求めた方が
0.5 kg 少ない

(3) **31 kg**

解説 (2)　もとの表から求めた平均は,

$2187÷45=48.6$

(1)でつくった度数分布表から求めた平均は,

$(32.5×2+37.5×6+42.5×8+47.5×5$
$\qquad +52.5×12+57.5×8+62.5×4)÷45$

$=(65+225+340+237.5+630+460+250)÷45$

$=2207.5÷45$

$=49.055…$

よって,

$(49.055…)-48.6=0.4555…$

したがって, もとの表から求めた方が 0.5 kg 少ない。

(3)　$64-33=31$ (kg)

212 (1) **16分**　　(2) **16分**　　(3) **6分**

解説 (1)　資料を小さい順に並べてみると,

13, 15, 15, 15, 15, 16, 16, 16,

16, 16, 16, 17, 17, 17, 17, 18, 18, 19, 19

10番目↑　↑11番目

資料の個数が偶数なので, 真ん中の2つの平均値が中央値であるから, 中央値は,

$$\frac{16+16}{2}=16 \text{ (分)}$$

(2)　最頻値は, (1)より, 16 (分)

(3)　範囲は, $19-13=6$ (分)

たがって，階級値は

$$\frac{15+20}{2}=17.5（分）$$

となる。

(4) ①〜⑤を以下に確認する。

① A中学校，B中学校の15分未満の累積相対度数は，それぞれ0.52，0.44であるから，15分未満の人数は

　A中学校　$100\times0.52=52$（人）

　B中学校　$150\times0.44=66$（人）

となり，B中学校の方がA中学校より多いので正しくない。

② A中学校の通学時間はすべての階級に散らばっているが，B中学校の通学時間は5以上25未満に含まれるから，B中学校の方が散らばりが少ない。よって，正しい。

③ 15分未満の生徒の累積相対度数は0.44である。したがって，正しいとはいえない。

④ 20分未満の累積相対度数は，A中学校，B中学校それぞれ0.74，0.80であるから，通学時間が20分未満である生徒の割合は，A中学校よりB中学校の方が大きい。よって，正しい。

⑤ 通学時間17分は階級15以上20未満に含まれ，その相対度数は0.36である。17分以下の累積相対度数が0.50より小さいかどうかは，この表だけではわからない。例えば，17分以下の累積相対度数0.80となることも考えられる。したがって，正しいとは必ずしもいえない。

以上より，正しいといえるのは②と④である。

---

213 (1) ① **2252790 km²**　② **357114 km²**

　　③ **中央値（357114 km²）**

　　理由…カナダの国土面積のみ突出した値になっているため，平均値をとると，カナダの値に左右された値になり，他の4つの国の面積とはかけ離れた値が算出されてしまうため。

(2) ① **23.5 cm**　② **23.5 cm**

　　③ **23.0 cm**　④ **23.0 cm**（最頻値）

解説 (2) ①　$(21.5\times6+22.0\times12+22.5\times15$

$+23.0\times45+23.5\times42+24.0\times38$

$+24.5\times22+25.0\times10+25.5\times6)\div196$

$=(129+264+337.5+1035+987$

$+912+539+250+153)\div196$

$=4606.5\div196=23.502\cdots$

よって，23.5（cm）

② 資料の個数が偶数なので，真ん中の2つの値がどの階級に入っているかを調べる。

真ん中の2つは，98番目と99番目である。

累積度数を順にかくと，6, 18, 33, 78, 120, …であるので，98番目と99番目の値は，いずれも23.5 cmの階級に入っている。

　よって，中央値は，23.5 cm

④ 最頻値のサイズを仕入れるのが適当である。

---

214 (1) (ア)**0.16**　(イ)**0.80**

(2) A中学校…**14人**

　　B中学校…**24人**

(3) A中学校…**12.5分**

　　B中学校…**17.5分**

(4) ②，④

解説 (1) 相対度数と累積相対度数との関係から，

(ア) $0.90-0.74=0.16$

(イ) $0.44+0.36=0.80$

(2) A中学校　$100\times0.14=14$（人）

　　B中学校　$150\times0.16=24$（人）

(3) 中央値は，A中学校では階級10以上15未満に含まれる。したがって，階級値は

$$\frac{10+15}{2}=12.5（分），$$

B中学校では階級15以上20未満に含まれる。し

---

215 (1)

階級(cm)	度数(人)
以上　　未満	
150〜155	1
155〜160	6
160〜165	9
165〜170	4
170〜175	3
計	23

(2) **39.1 %**

解説 (2) $9\div23\times100=39.13\cdots\fallingdotseq39.1$（%）

216 (1) (ア)…**15**   (イ)…**18**
   (ウ)…**36**   (エ)…**40**

(2) **50 分未満**

(3) いえる。
   理由…30 分未満の累積度数は **18** 人
   であり，生徒人数 **40** 人の半
   数以下である。

(4) どちらともいえない。
   理由…30 分以上 40 分未満の累積度
   数は **33** 人であるが，みおさ
   んの食事時間 **36** 分が短い方
   から **19** 番目であることも考
   えられる。したがって，この
   データだけではどちらともい
   えない。

解説 (1) (ア) $40 - (2 + 5 + 11 + 3 + 4) = 15$
   (イ) $7 + 11 = 18$ (ウ) $33 + 3 = 36$
   (エ) $36 + 4 = 40$

(2) 30 分未満の累積度数が 18 人，50 分未満の累積
   度数が 36 人であることから，50 分未満の人数が，
   30 分未満の人数のちょうど 2 倍になる。

(3) たかしさんの食事時間 28 分は階級 20 ～ 30 に
   含まれる。

(4) みおさんの食事時間 36 分が短い方から何番目
   になるのかを知るためには，40 人全員の食事時
   間のデータが必要になる。

⤴ 得点アップ

　度数分布表や累積度数からいえること，いえ
ないことを，的確に判断することが大切である。

217 (1) (ア)…**167.5**   (イ)…**7**
   (2) **20 人**   (3) **161.5 cm**

解説 (1) (ア) $(165.0 + 170.0) \div 2 = 167.5$
   (イ) $25 - (1 + 4 + 5 + 5 + 3) = 7$

(2) $5 + 7 + 5 + 3 = 20$（人）

(3) $4037.5 \div 25 = 161.5$（cm）

218 (1)

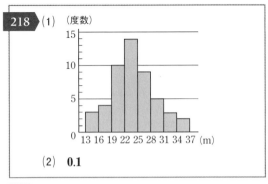

(2) **0.1**

解説 (2) $5 \div 50 = 0.1$

219 (1) **2**   (2) **55 %**   (3) **165.75 cm**
   (4) **166.5 cm**

解説 (1) [ア] の 1 つ上の [　] に入る数は，
   $345.0 \div 172.5 = 2$
   よって，[ア] に入る数は，
   $20 - (1 + 2 + 6 + 7 + 2) = 2$

(2) 165 cm 以上の生徒の人数は，
   $7 + 2 + 2 = 11$（人）
   よって，$11 \div 20 \times 100 = 55$（%）

(3) （階級値）×（度数）の合計が 3315.0 であるから，
   $3315.0 \div 20 = 165.75$（cm）

(4) （階級値）×（度数）の合計が
   $172.5 - 157.5 = 15$（cm）
   だけ増えるから，
   $(3315 + 15) \div 20 = 166.5$（cm）

220 (1) **0.42**   (2) **3.17 点**
   (3) 青…**6 人**   白…**5 人**

解説 (1) 得点が 4 点以上になった人数は，
   $2 + 2 + 1 = 5$（人）
   よって，$5 \div 12 \fallingdotseq 0.42$

(2) 全員の得点の総数は，
   $0 \times 1 + 1 \times 1 + 2 \times 2 + 3 \times 3 + 4 \times 2 + 5 \times 2 + 6 \times 1$
   $= 38$（点）
   $38 \div 12 \fallingdotseq 3.17$（点）

(3)

かかった 輪の色	赤青白	赤青	赤白	青白	赤	青	白	なし	計
得点	6	5	4	3		2	1	0	
人数	1	2	2	3		2	1	1	12
赤をかけた人	1	2	2	0	2	0	0	0	7
青をかけた人	1	2	0	1	0	2	0	0	6
白をかけた人	1	0	2	1	0	0	1	0	5

赤の輪をかけた人は，4点以上の5人と合わせて7人だから，3点の赤の輪をかけた人は，

$$7 - 5 = 2(人)$$

よって，3点の残りの1人は，青と白の輪をかけたことになる。

したがって，上の表が完成する。

---

221 (1) (ア)…**2**　　(イ)…**1**

(2) **0.3**　　(3) **4人**

解説 (1) (ア) $295.0 \div 147.5 = 2$

(イ) $20 - (2 + 3 + 6 + 4 + 3 + 1) = 1$

(2) $6 \div 20 = 0.3$

(3) 新入部員の人数を x 人とすると，

$$\frac{3260 + 167.5x}{20 + x} = \frac{3260}{20} + 0.75$$

$$3260 + 167.5x = 163.75(20 + x)$$

$$3.75x = 15$$

$$x = 4$$

---

222 (1) **ウ**　　(2) **0.94**　　(3) **8時18分**

解説 (1) A君は，8:05～8:10の3番目に登校した。

A君の学級では，8:05 までに登校したのが3人であり，8:05～8:10 のA君の前に登校した2人のうち，A君の学級であるのは，0人か1人か2人であるから，A君の学級にはA君が登校したとき，3人または4人または5人いたと考えられる。

(2) A君の学級で 8:25 までに登校した生徒の人数は，$35 - 2 = 33(人)$

（$1 + 2 + 4 + 5 + 10 + 11 = 33$ でもよい。）

よって，求める相対度数の和は，

$$33 \div 35 \div 0.94$$

(3) $150 \div 2 = 75$

$$75 - (45 + 18) = 12$$

$$30 - 12 = 18$$

よって，Tは，8時15分と8時20分を $18 : 12 = 3 : 2$ に分ける時刻だから，

$$8時15分 + 5分 \times \frac{3}{5} = 8時18分$$

第1回 実力テスト

1 (1) **8**　(2) **−96**　(3) $\dfrac{56}{75}$

解説 (1) $(-2)^2 \times \dfrac{2}{3} + (-2^3) \times \left(-\dfrac{2}{3}\right)$

$= 4 \times \dfrac{2}{3} + (-8) \times \left(-\dfrac{2}{3}\right) = \dfrac{8}{3} + \dfrac{16}{3} = \dfrac{24}{3} = 8$

(2) $\{(-2)^4 - 4 \times (-2)\} \div \left(\dfrac{1}{4} - \dfrac{1}{2}\right)$

$= (16+8) \div \left(\dfrac{1}{4} - \dfrac{2}{4}\right) = 24 \div \left(-\dfrac{1}{4}\right) = -96$

(3) $\left(\dfrac{2}{3} + \dfrac{1}{5}\right) \div \left(\dfrac{3}{4} - \dfrac{1}{8}\right) - \left(-\dfrac{4}{5}\right)^2$

$= \dfrac{10+3}{15} \div \dfrac{6-1}{8} - \dfrac{16}{25}$

$= \dfrac{13}{15} \times \dfrac{8}{5} - \dfrac{16}{25}$

$= \dfrac{104}{75} - \dfrac{16}{25}$

$= \dfrac{104-48}{75}$

$= \dfrac{56}{75}$

2 (1) **9個**　(2) **80個**

解説 百の位を x, 十の位を y, 一の位を z とおく。

(1) $x+y+z=7$ …①

$100z+10y+x > 100x+10y+z$

$99z - 99x > 0$

両辺を 99 で割って,

$z-x>0$ だから,

$x<z$ …②

ここで, x, y, z は位の数だから, x と z は 1 から 9 までの数字, y は 0〜9 までの数字をとりうる。

①, ②を満たすものは,

$x=1$ のとき,

　$(y,\ z) = (4,\ 2),\ (3,\ 3),\ (2,\ 4),\ (1,\ 5),$
　　　　　$(0,\ 6)$

$x=2$ のとき,

　$(y,\ z) = (2,\ 3),\ (1,\ 4),\ (0,\ 5)$

$x=3$ のとき,

　$(y,\ z) = (0,\ 4)$

$x=4$ のとき,

$y=0$, $z=3$ が①を満たすが, ②は満たさないので, $x=4$ 以上の組み合わせはない。

以上より, 求める個数は,

　$5+3+1=9$(個)

(2) 2つの位の入れかえ方は,

　(i)　百の位と一の位

　(ii)　百の位と十の位

　(iii)　十の位と一の位

の 3 通りである。

(i)　百の位と一の位を入れかえたとき,

　$100z+10y+x = 100x+10y+z+90$

　$99z - 99x = 90$

　$11(z-x) = 10$

ここで左辺は (11 の倍数)×(整数), 右辺は 10 なので, これを満たす x, y はない。

(ii)　百の位と十の位を入れかえたとき,

　$100y+10x+z = 100x+10y+z+90$

　$90x - 90y = -90$

両辺を 90 でわって,

　　　$x-y=-1$

これを満たす x, y の組は,

$(x,\ y) = (1,\ 2),\ (2,\ 3),\ \cdots,\ (8,\ 9)$の 8 組。

(iii)　十の位と一の位を入れかえたとき,

　$100x+10z+y = 100x+10y+z+90$

　　　$9y-9z = -90$

両辺を 9 でわって,

　　　$y-z=-10$

y, z は 0〜9 までの整数であるから, これを満たす y, z はない。

以上より, (ii)の $(x,\ y)$ の 8 組に対して, z は一の位であるから, 0 から 9 までの 10 通りある。

　よって, 求める個数は, $8 \times 10 = 80$(個)

3 **60**

解説 点 A の x 座標が 2 なので,

　　　$y = \dfrac{16}{2} = 8$

A$(2,\ 8)$ である。

　ここで, ひし形 OABC より,

OA $=$ OC で, かつ, 点 C は $y = \dfrac{16}{x}$ 上にあるので,

$(8,\ 2)$ または $(-8,\ -2)$ となる。

　　　　　　　└ 得点アップで別解として求めている

　ここでは, C$(8,\ 2)$ のときを考え, 次の図で表した。

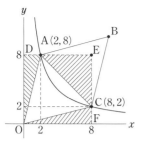

線分 AC はひし形の対角線だから，
△OAC はひし形 OABC の面積の半分となる。
△OAC
　　= (四角形 DOFE) − △OAD − △OFC − △ACE
なので，それぞれの面積を求める。
　(四角形 DOFE) = 8×8 = 64
　△OAD = $\frac{1}{2}$×2×8 = 8
　△OFC = $\frac{1}{2}$×8×2 = 8
　△ACE = $\frac{1}{2}$×6×6 = 18
以上より，
　△OAC = 64 − 8 − 8 − 18 = 30
よって，ひし形 OABC = 30×2 = 60

⑦得点アップ

C(−8，−2)のときも同様に考えてみる。

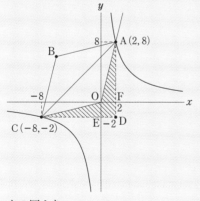

上の図より，
　△OAC = △ACD − △OCD − △OAD
　△ACD = $\frac{1}{2}$×(2+8)×(2+8) = 50
　△OCD = $\frac{1}{2}$×(2+8)×2 = 10
　△OAD = $\frac{1}{2}$×(2+8)×2 = 10
以上より，△OCA = 50 − 10 − 10 = 30
よって，ひし形 OABC = 30×2 = 60

4

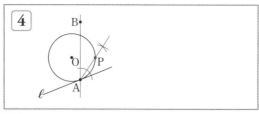

解説　【条件】①より，
直線 AB と直線 ℓ のなす角の二等分線をかけばよいことがわかる。
　【条件】②より，
角の 2 等分された ∠PAB < 45° より，直線 AB と直線 ℓ のなす角は ∠PAB の 2 倍分だから，
　(直線 AB と直線 ℓ のなす角) < 45°×2
つまり，
　(直線 AB と直線 ℓ のなす角) < 90°
なので，上の図のように，
直線 AB をひき，直線 AB より右側にある直線 AB と直線 ℓ のなす角の二等分線をかき，それと円 O の交点を P とすればよい。

5　垂線の長さ…**3**　　体積…**8**

解説

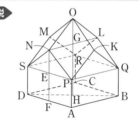

　上の図のように，N から辺 AD に垂線 NF を下ろし，線分 PS との交点を E とする。
　また，点 O から底面 ABCD に垂線 OH を下ろし，線分 NL との交点を G とする。
　また，四角形 ONPK，OKQL，OLRM，OMSN はすべてひし形なので，どの辺もすべて同じ長さだから，
　ON = NS，OL = NP
また，NL = SP = 2
　これらより，△ONL と △NSP は合同な図形である。
　　　└3 組の辺の長さがすべて等しい三角形
したがって，
　OG = NE
　　= NF − EF
　　= 2 − 1 = 1
よって，点 O から底面に下ろした垂線の長さは，
　OH = OG + GH

$$= OG + NF$$
$$= 1 + 2 = 3$$

また，9面体を4点 P，Q，R，S を通る平面，3点 O，S，P を通る平面，3点 O，P，Q を通る平面，3点 O，Q，R を通る平面，3点 O，R，S を通る平面で切断する。

9面体は，(正四角柱 ABCD－PQRS)，(正四角錐 O－PQRS)，(三角錐 O－NPS)，(三角錐 O－KPQ)，(三角錐 O－LQR)，(三角錐 O－MRS) の6つに分かれる。

それぞれの体積は，

$$(正四角柱\ ABCD-PQRS) = 2 \times 2 \times 1 = 4$$

$$(正四角錐\ O-PQRS) = \frac{1}{3} \times (2 \times 2) \times 2 = \frac{8}{3}$$

$$(三角錐\ O-NPS) = \frac{1}{3} \times \triangle NPS \times NG$$
$$= \frac{1}{3} \times \left(\frac{1}{2} \times 2 \times 1\right) \times 1 = \frac{1}{3}$$

同様に，(三角錐 O－KPQ)，(三角錐 O－LQR)，

(三角錐 O－MRS) も同じ形なので，体積は，$\frac{1}{3}$ である。

よって，9面体の体積は，

$$4 + \frac{8}{3} + \frac{1}{3} \times 4 = 8$$

---

6 $a=2,\ b=1$

解説 度数の合計が25であることから

$$0 + a + 5 + 6 + 4 + 4 + 2 + 1 + b + 0 = 25$$

よって，$a+b=3$　…①

度数分布表から平均値を求める。

(階級値)×(度数) の合計は，

$$95 \times 0 + 85 \times a + 75 \times 5 + 65 \times 6 + 55 \times 4 + 45 \times 4$$
$$+ 35 \times 2 + 25 \times 1 + 15 \times b + 5 \times 0 = 85a + 15b + 1260$$

よって，平均値は $\dfrac{17a + 3b + 252}{5}$　…②

a は正の整数，b は0以上の整数より，
　　　　　└─a, b のとる値をしぼる

$(a,\ b)$ の値の組は，①より，

$(a,\ b) = (1,\ 2)$，$(2,\ 1)$，$(3,\ 0)$ の3通りである。

(ⅰ) $(a,\ b) = (1,\ 2)$ のとき，

中央値(13番目の得点)は，50以上60未満の階級に含まれる。

②より平均値は55となり，50以上60未満の階級に含まれる。

よって，中央値と平均値は，同じ階級に含まれるから不適である。

(ⅱ) $(a,\ b) = (2,\ 1)$ のとき，

中央値(13番目の得点)は，60以上70未満の階級に含まれる。

②より平均値は57.8となり，50以上60未満の階級に含まれる。

よって，中央値と平均値は，異なる階級に含まれるから問題に適する。

(ⅲ) $(a,\ b) = (3,\ 0)$ のとき，

中央値(13番目の得点)は，60以上70未満の階級に含まれる。

②より平均値は60.6となり，60以上70未満の階級に含まれる。

よって，中央値と平均値は，同じ階級に含まれるから不適である。

以上より，求める u, b の値は，

$a=2$, $b=1$ である。

第2回 実力テスト

$\boxed{1}$ (1) **4**　(2) $\dfrac{26}{51}$　(3) $x=-16$

解説 (1) $\{(-1)^2+(-2)^3-(-3)^4-(-4)^3\}\div(-6)$
$=(1-8-81+64)\div(-6)$
$=(-24)\div(-6)=4$

(2) 小数を分数に直してから計算する。
$\left(\dfrac{3}{17}+\dfrac{4}{3}\right)\div\left\{\dfrac{5}{2}+0.6\div\left(1.5-\dfrac{1}{5}\right)\right\}$
$=\left(\dfrac{3}{17}+\dfrac{4}{3}\right)\div\left\{\dfrac{5}{2}+\dfrac{3}{5}\div\left(\dfrac{3}{2}-\dfrac{1}{5}\right)\right\}$
$=\dfrac{77}{51}\div\left(\dfrac{5}{2}+\dfrac{3}{5}\div\dfrac{13}{10}\right)=\dfrac{77}{51}\div\left(\dfrac{5}{2}+\dfrac{6}{13}\right)$
$=\dfrac{77}{51}\div\dfrac{77}{26}=\dfrac{26}{51}$

(3) 内側の項の積と外側の項の積は等しいから，
$5x=4(x-4)$
$5x=4x-16$
$x=-16$

$\boxed{2}$ (1) **15個**　(2) **4個**　(3) **15個**

解説 (1) x の正の約数が2個なので，約数が1とその数自身だけということである。つまり，x は素数とわかるので，2, 3, 5, 7, 11, 13, 17, 19, 23, 29, 31, 37, 41, 43, 47 の15個。

(2) x の正の約数が3個なので，a を素数として，$x=a^2$ ならば，約数は $1,\ a,\ a^2$ と表すことができ，約数は3個となる。
よって，$2^2=4,\ 3^2=9,\ 5^2=25,\ 7^2=49$ の4個

(3) x の正の約数が4個なので，次の2通りで表すことができる。
(i) a を素数とすると，
$x=a^3$ ならば，約数は $1,\ a,\ a^2,\ a^3$ と表すことができる。
よって，$2^3=8,\ 3^3=27$ の2個
(ii) $a,\ b$ を異なる素数とすると，
$x=ab$ ならば，約数は $1,\ a,\ b,\ ab$ と表すことができる。
よって，
(ア) $2\times(2$ より大きい素数$)$ のとき，
$2\times3=6,\ 2\times5=10,\ 2\times7=14,$
$2\times11=22,\ 2\times13=26,\ 2\times17=34,$
$2\times19=38,\ 2\times23=46$ の8個

(イ) $3\times(3$ より大きい素数$)$ のとき，
$3\times5=15,\ 3\times7=21,\ 3\times11=33,$
$3\times13=39$ の4個
(ウ) $5\times(5$ より大きい素数$)$ のとき，
$5\times7=35$ の1個
(ア), (イ), (ウ)より，
$8+4+1=13$ 個
(i), (ii)より，$2+13=15$（個）

$\boxed{3}$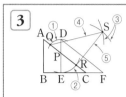

解説 以下の手順で作図をする。
① 点Pを中心とする半径PDの円をかき，辺AC との交点を点Qとする。
② 点Pを中心とする半径PEの円をかき，辺AC との交点を点Rとする。
③ 点Qを中心とする半径DF(AC)の円，点Rを中心とする半径EF(BC)の円をかき，その交点を点Sとする。
④ 点Qと点Sを結ぶ。
⑤ 点Rと点Sを結ぶ。

$\boxed{4}$ $\dfrac{224}{3}\pi$

解説 回転させると，右の図のようになる。
つまり，半径4の球の体積から，半径2の球の体積をひけばよいので，求める体積は，
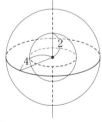
$\dfrac{4}{3}\times\pi\times4^3-\dfrac{4}{3}\times\pi\times2^3=\dfrac{224}{3}\pi$

得点アップ
半径 r の球の体積を V，表面積を S とおくと，
$V=\dfrac{4}{3}\pi r^3$
（覚え方：身の上に心　配　あるから　参上）
$S=4\pi r^2$
（覚え方：心　配　ある　ある）

5 288

解説▶ 右の図のように，辺 DH 上に，HS＝6 となるように点 S をとると，FQ∥ES，FQ∥PR より，PR∥ES である。四角形 PESR は平行四辺形であるから，RS＝PE＝3

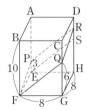

よって，
$$RH = RS + HS$$
$$= 3 + 6 = 9$$

ここで，小さい方の立体は，右 の図のように，三角錐 P－FGQ，四角錐 P－EFGH，四角錐 P－GHRQ の 3 つの立体 に分けられる。

それぞれの体積は，
$$(三角錐 P－FGQ) = \frac{1}{3} \times \left(\frac{1}{2} \times 8 \times 6\right) \times 8 = 64$$
底面が △FGQ の面積 — 高さ EF

$$(四角錐 P－EFGH) = \frac{1}{3} \times (8 \times 8) \times 3 = 64$$
底面が四角形 EFGH の面積 — 高さ PE

$$(四角錐 P－GHRQ) = \frac{1}{3} \times \frac{1}{2} \times (6+9) \times 8 \times 8 = 160$$
底面が台形 GHRQ の面積 — 高さ FG

よって，求める体積は，
$$64 + 64 + 160 = 288$$

【別解】

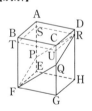

点 R を通る平面 ABCD に平行な平面を考え，直 方体との交点を上の図のようにおく。

ここで，下の図のように直方体 EFGH－STUR を分けると，

$$TF = RH = 9$$
$$SP = QG = 6$$
$$UQ = PE = 3$$

平面 STUR と平面 EFGH は 1 辺 8 の正方形で あることから，この立体は等しい形をしているこ とがわかる。

よって，求める体積は直方体 EFGH－STUR の体積の半分であるので，
$$\frac{1}{2} \times 8 \times 8 \times 9 = 288$$
直方体 EFGH－STUR の体積

6 3, 6, 6, 7, 8, 9, 10

解説▶ 7 つの得点を小さい順に，a, b, c, d, e, f, g とする。

最小値と最頻値の差が 3 より，最頻値は $a+3$ 中央値は最頻値より 1 大きいので，中央値は，
$$d = (a+3) + 1 = a+4$$ と表せる。

また，最頻値は 1 つのみであるから，b と c が最 頻値であり，e, f, g は異なる数とわかる。

よって，7 つの得点は小さい順に，
$$a, \ a+3, \ a+3, \ a+4, \ e, \ f, \ g$$
この 2 つが最頻値　4 番目が中央値となる

ここで，$a \geq 4$ のとき，$g \geq 11$ となるので不適。 だから，$a = 0$, 1, 2, 3 の場合を調べればよい。

(i) $a = 0$ のとき，平均値は 7 より，
$$\frac{0+3+3+4+e+f+g}{7} = 7$$
$$\frac{10+e+f+g}{7} = 7$$
$$10+e+f+g = 49$$
$$e+f+g = 39$$

e, f, g は 0 以上 10 以下の整数より，これを満 たす e, f, g はない。

(ii) $a = 1$, 2 のときも同様にすると，それぞれ $e+f+g = 35$，$e+f+g = 31$ となる。

e, f, g は 0 以上 10 以下の整数より，これを満 たす e, f, g はない。

(iii) $a = 3$ のとき，
$$\frac{3+6+6+7+e+f+g}{7} = 7$$
$$\frac{22+e+f+g}{7} = 7$$
$$22+e+f+g = 49$$
$$e+f+g = 27$$

これを満たすものは，$e = 8$, $f = 9$, $g = 10$ 以上より，3, 6, 6, 7, 8, 9, 10